Auswertung der Biotopkartierung Schleswig-Holstein,
Kreis Schleswig-Flensburg

Landesamt für Naturschutz und Landschaftspflege
Schleswig-Holstein, 1989

Zum Geleit

Es freut mich als zuständiger Minister besonders, daß nunmehr die 10 Jahre andauernde Biotopkartierung durch das Landesamt für Naturschutz und Landschaftspflege des Landes Schleswig-Holstein ihrem Abschluß zugeht. Zwar fehlt nunmehr noch die abschließende Bearbeitung der Kartierung und Auswertung für die Kreise Nordfriesland und Ostholstein. Trotzdem lassen sich schon deutlich die Erkenntnisse der Biotopkartierungen für das gesamte Land umreißen. Es sind nahezu 10.000 schutzwürdige einzelne Biotopbestände in Schleswig-Holstein festgestellt worden mit dem Schwerpunkt im Kreis Schleswig-Flensburg, der über 20 % aller schutzwürdigen Biotope im Lande auf 6,6 % der Kreisfläche verfügt. Von den 10.000 Biotopbeständen mit besonderer Schutzwürdigkeit gehören nahezu 50 % zu den Feuchtbiotopen. Die durchschnittliche Größe der schutzwürdigen Einzelbiotope liegt in Schleswig-Holstein zwischen 4,5 ha im Kreis Plön und 8,9 ha in Dithmarschen.

Die Naturschutzpolitik kann aus solchen Datenermittlungen und Auswertungen viele wichtige Konsequenzen ableiten:

- Die schutzwürdige Biotopfläche liegt in Schleswig-Holstein durchschnittlich pro Kreis bei 4,6 - es sind aber im Durchschnitt nur 1,6 % der Landesfläche als Naturschutzgebiete ausgewiesen. Um schutzwürdige Biotope unter effektiven Schutz zu stellen, bedarf es besonders schneller Anstrengungen von allen Seiten.

- Die ca. 10.000 verstreut in der Landschaft liegenden schutzwürdigen Biotopbestände müssen durch Naturschutz-Entwicklungszonen zu einem Biotopverbundsystem zusammengefaßt werden, um sie aus der ökologischen Isolation heraus in Kontakt mit ökologisch verwandten Biotopen zu bringen.

- Die Durchschnittsgröße der schutzwürdigen Einzelbiotope in Schleswig-Holstein beträgt nach dem bisherigen Stand etwa 6,3 ha. Dies ist bei durchschnittlichen Minimalraumansprüchen von über 200 ha für die meisten Ökosysteme zu klein, um eine dauerhafte Funktionsfähigkeit dieser Biotope hinsichtlich überlebensfähiger Artenbestände zu sichern.
Durch Zusammenschluß zahlreicher schutzwürdiger Bestände und durch Selbstentwicklung der Zwischenflächen zu Pufferzonen muß ein langfristig wirksames Schutzkonzept baldmöglichst eingeleitet werden.

Bei Vorlage dieses datenmäßig sehr umfassenden und in der Ausarbeitung erheblich verbesserten Auswerteberichtes zur Biotopkartierung möchte ich mich besonders bei den Mitarbeitern des Landesamtes für Naturschutz und Landschaftspflege und den Mitarbeitern der anderen beteiligten Ämter sowie dem ehrenamtlichen Naturschutz für die gründliche Arbeit sehr bedanken.

Ich wünsche allen Beteiligten, daß unter Berufung auf diese sehr guten und gründlichen Arbeiten bald ein wirksames, umfassendes Schutzkonzept für die erfaßten Lebensräume entwickelt werden kann, das in seinen Daten und Empfehlungen in der Regionalplanung, der Landschaftsrahmenplanung und der Landschaftsplanung mit berücksichtigt werden muß.

Kiel, im Mai 1989

Prof. Dr. Berndt Heydemann
Minister für Natur, Umwelt
und Landesentwicklung
des Landes Schleswig-Holstein

Vorwort

In den Jahren 1986/87 wurde der Kreis Schleswig-Flensburg im Rahmen der landesweiten Biotopkartierung vom Landesamt für Naturschutz und Landschaftspflege bearbeitet. Das Programm der Biotopkartierung besteht seit nunmehr 10 Jahren in Schleswig-Holstein. Die vorliegende Broschüre stellt den wesentlichen Teil des landschaftsökologischen Fachbeitrages zur Landschaftsrahmenplanung des Ministers für Natur und Umwelt im Planungsraum IV, Teilbereich Kreis Schleswig-Flensburg, dar. Der seit 1986 begonnene Einsatz der EDV in der Auswertung des umfangreichen Datenmaterials machte wesentlich weitergehende Auswertungen für das hier vorgestellte Bearbeitungsgebiet möglich, als sie für die vorhergehenden Kreisgebiet erfolgen konnten.

Am Beispiel des Kreises Schleswig-Flensburg wurde erstmals der Einsatz eines interaktiven graphischen Arbeitsplatzes (CAD-Computer-Kartographie) erfolgreich erprobt. Diese neue Arbeitsweise ermöglicht den Aufbau und die Fortführung eines Landschaftsinformationssystems (Lanis-SH) für alle, die im Natur- und Umweltschutz schnell und hochwertige Entscheidungen zu treffen haben.

Dieses Heft bildet die Fortführung der Serie von Veröffentlichungen zur Auswertung der Biotopkartierung in den Kreisen des Landes. Hiermit werden der interessierten Öffentlichkeit, den Gemeinden und Verbänden Einblicke in die landschaftsökologische Wertigkeit des gesamten Kreises und seiner unterschiedlichen Naturräume ermöglicht.

Die vorgeschlagenen Schutzgebiete stellen den derzeitigen bio-ökologischen Erkenntnisstand dar. Eine rechtsverbindliche Umsetzung ist anderen Planungs- und Entscheidungsebenen vorbehalten. Weitere Vorschläge im Bereich der Naturdenkmale (§ 19 LPflegG) und geschützter Landschaftsbestandteile (§ 20 LPflegG) von Seiten des Kreises sind möglich, da sich die Auswertung auf Flächen konzentriert hat, nicht aber auf die Vielzahl von "Einzelschöpfungen der Natur", wie z.B. Bäume.

Unser Dank gilt an dieser Stelle besonders dem Kreis Schleswig-Flensburg, als untere Landschaftspflegebehörde, dessen Moorkartierung als wertvolle Information in das Biotopkataster einfloß, sowie dem Landes- und Kreisbeauftragten für Naturschutz und Landschaftspflege, Herrn Dr. Wolfgang Riedel für viele wertvolle Informationen.

Kiel, im März 1989

                         Ernst-Wilhelm Rabius
                     Leiter des Landesamtes für
                  Naturschutz und Landschafts-
                     pflege Schleswig-Holstein

Inhaltsverzeichnis

		Seite
1.	Einleitung	9
1.1	Zehn Jahre Biotopkartierung in Schleswig-Holstein	10
1.2	Kartierungsmethode	12
1.3	Grundsätze der Biotopkartierung	16
1.4	Bewertung der Biotope	17
2.	Ökologische Gesamtsituation	19
2.1	Naturräumliche Gliederung	19
2.2	Pflanzenwelt	24
2.3	Tierwelt	33
3.	Auswertung	41
3.1	Naturraumbezug	41
3.2	Datenüberblick	43
3.3	Mittlere Biotopabstandsflächen, durchschnittliche Flächengröße	45
3.4	Biotopflächenanteil an den Naturräumen; Anteil der Moore, Sümpfe, Brüche und Heiden, Dünen, Trockenrasen	47
3.5	Anteil naturschutzwürdiger Flächen	49
3.6	Kreisvergleich	52
4.	Zur Situation der Biotope	57
4.1	Wälder	57
4.2	Knicks	63
4.3	Moore, Sümpfe	67
4.4	Heiden, Dünen und Trockenrasen	76
4.5	Fließgewässer	83
4.6	Stillgewässer	88
4.7	Küstenbiotope	94

		Seite
5.	Schutzgebiete	100
5.1	Bestehende Naturschutzgebiete	101
5.2	Vorschläge für neue Naturschutzgebiete	107
5.3	Bestehende Landschaftsschutzgebiete	166
5.4	Vorschläge für neue Landschaftsschutzgebiete	167
5.5	Vorschläge für Naturdenkmale	170
5.6	Vorschläge für geschützte Landschaftsbestandteile	173
6.	Entwicklungsräume	180
7.	Literatur	194
8.	Anhang	202
	– Liste der Tabellen	202
	– Liste der Abbildungen	203
	– Alphabetische Liste der NSG-Vorschläge	207
	– Verbreitungskarten und Liste der in erfaßten Biotopen kartierten gefährdeten, stark gefährdeten oder vom Aussterben bedrohten Moose, Farn-und Blütenpflanzen	209

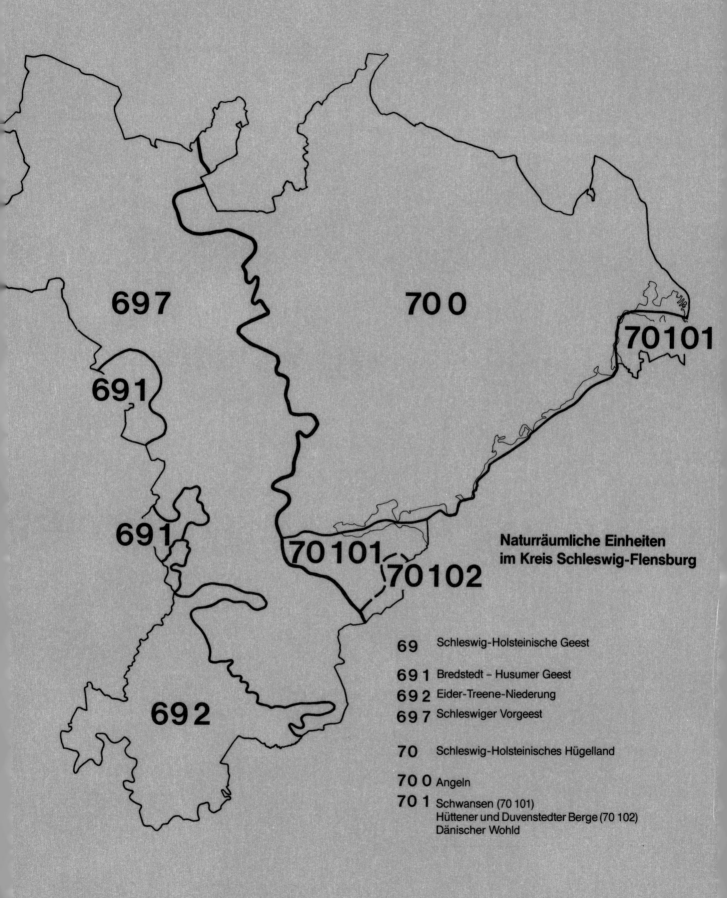

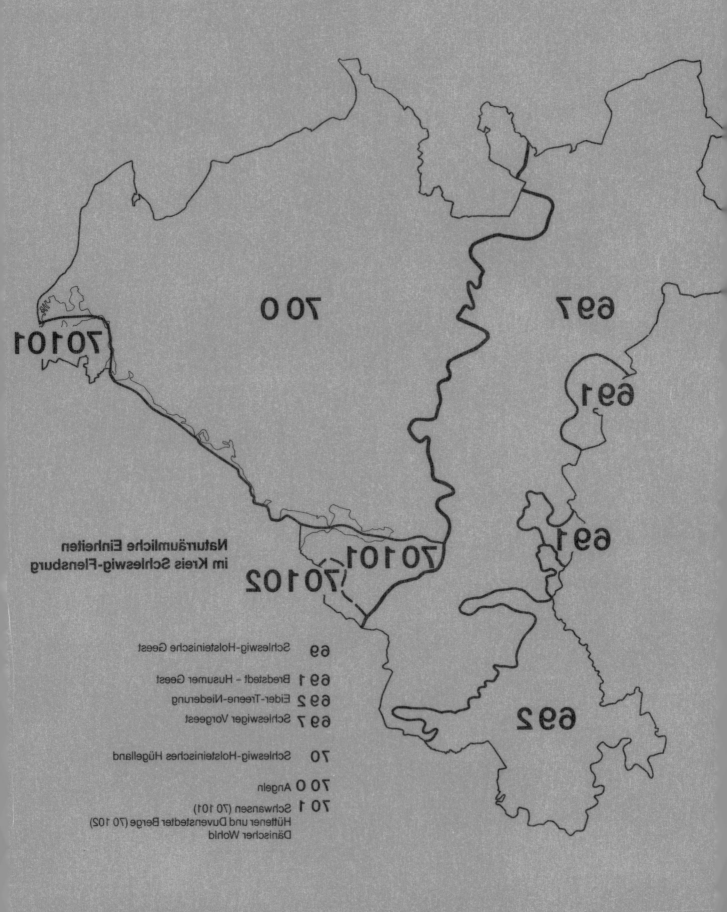

Einleitung

Unser Land wird von den verschiedensten raumwirksamen Aktivitäten überlagert, die die freie Landschaft zunehmend einengen und belasten.

Die Leistungsfähigkeit des Naturhaushaltes zu erhalten, wiederherzustellen und weiterzuentwickeln, ist oberstes Ziel des Landschaftspflegegesetzes.

Isolierte Schutzgebiete inmitten einer durch Intensivierung und Rationalisierung geprägten Landnutzung können unter dem wachsenden Druck der Belastung die im Gesetz geforderte Leistungsfähigkeit des Naturhaushaltes allein nicht aufrechterhalten. In einer intensiv genutzten Landschaft müssen neben die bestehenden Naturschutzgebiete Flächen und Strukturen mit unterschiedlicher Schutzintensität und Größe mit vielfältiger Vernetzung treten, die den in ihrem Bestand zurückgehenden Tier- und Pflanzenarten vielfältige Lebensmöglichkeiten bieten und so zusätzlich stabilisierend auf die Umgebung wirken (KAULE, SCHALLER & SCHOBER 1979).

Als "ökologische Vorrangflächen", "Ausgleichsflächen" oder "Ökologische Zellen" sollen sie:

- der Landschaft die strukturelle und biologische Vielfältigkeit und charakteristische Eigenart erhalten,

- als stabilisierende Elemente in der Kulturlandschaft wirken,

- sowohl Refugien als auch Ausbreitungsgebiete für eine Vielzahl von Tier- und Pflanzenarten darstellen,

- Artenreservoire darstellen, die als Ausgangsbasis für die Regeneration und Sanierung gestörter Gebiete dienen können,

- als Pufferzonen für besonders empfindliche und gefährdete Schutzgebiete wirken.

Hierzu leisten die aus Unkenntnis der Zusammenhänge häufig als "Un- oder Ödland" bezeichneten Gebiete einen wesentlichen Beitrag.

Um diesen genannten Zielen gerecht zu werden und allen raum- und landschaftsbedeutsamen Planungen auf Landes-, Regional- und Ortsebene Entscheidungshilfe aus der Sicht des Naturschutzes geben zu können, war es notwendig, die noch vorhandenen ökologisch bedeutsamen Flächen sorgfältig aufzunehmen und zu sichten. Die darauf aufbauende umfassende Analyse nach Ausstattung, Repräsentanz, Bedeutung für Fauna und Flora, Nutzungsüberlagerungen und Gefährdungsarten ermöglicht es dann, die notwendigen Maßnahmen zu treffen. Diese können von einer Unterschutzstellung über Management-Maßnahmen bis hin zu einer aktiven Biotop-Neuschaffung in ausgeräumten Landschaftsteilen reichen.

1.1 Zehn Jahre Biotopkartierung in Schleswig-Holstein

Das geeignete Instrument für eine systematische Inventur der freien Landschaft stellt die Biotopkartierung dar (MEHL 1987). Die erste Biotopkartierung wurde 1974 am Lehrstuhl für Landschaftsökologie der Technischen Universität München-Weihenstephan im Bundesland Bayern begonnen (HABER 1983). Diesem Beispiel folgten in abgewandelter und weiterentwickelter Form die anderen Bundesländer. An diese Entwicklung hat seit September 1977 das Land Schleswig-Holstein angeknüpft. Die erste Geländearbeit wurde 1978 in den Kreisen Dithmarschen und Steinburg begonnen. Zehn Jahre nach Beginn des Programmes sind noch die Kreise Nordfriesland und Ostholstein in Arbeit. In diesem Zeitraum konnten über 9 000 Biotopflächen erfaßt werden. Hinzu treten weitere ca. 30 000 Einzelobjekte, wie Redder, Tümpel, Kuhlen, Quellen, Baumreihen, Vogelkolonien und viele andere, die als Signatur in das Biotopkataster einflossen. Die Auswertung der bisherigen landesweiten Kartierung führte zu ca. 300 Naturschutzgebietsvorschlägen und über 300 Vorschlägen von Naturdenkmalen und geschützten Landschaftsbestandteilen.

Abb. 1: Stand der landesweiten Biotopkartierung

Daneben ist die Biotopkartierung nicht mehr aus der täglichen Naturschutzarbeit der Landschaftspflegebehörden wegzudenken. Der erste Durchgang der landesweiten Kartierung wird im Jahre 1990 fertiggestellt sein, daran anschließend wird eine Fortschreibung angestrebt, um so die notwendige Informationsdichte für zukünftige Entscheidungen sicherzustellen.

1.2 Kartierungsmethode

Das zu bearbeitende Gelände wird von geschulten Mitarbeitern des Landesamtes nach vorheriger Bekanntgabe des Vorhabens in den betroffenen Gemeinden flächendeckend begangen. Die Biotope, die den Kriterien der Kartierungsanleitung entsprechen, werden selektiv erfaßt, mit fortlaufender Nummer in die Topographische Karte (M = 1 : 25 000) eingetragen, fotografiert und auf jeweils einem Erfassungsbogen beschrieben. Verzeichnet werden Lage, Größe, Nutzungen, Gefährdungen, Randlängen und vieles andere. Dazu werden hauptsächlich solche Arten aufgenommen, die den jeweiligen Biotoptyp charakterisieren, Störungszeiger, die negative Tendenzen aufzeigen und seltene Arten, soweit sie jahreszeitlich identifizierbar sind. Die Fauna kann bisher nur ansatzweise mit dieser Methode erfaßt werden (HEYDEMANN 1980). Der indirekte (potentielle) Erfassungsgrad jedoch z.B. der 80 Laufkäferarten der Roten Liste liegt relativ hoch (HAASE et al. 1984), ca. 56 % können als überwiegend und ca. 40 % als teilweise indirekt erfaßt gelten.

Eine Biotopkartierung hat also nicht zum Ziele, das gesamte Inventar der Pflanzen- und Tierwelt zu ermitteln, sondern erfaßt ihre Lebensräume, in denen all diese Arten potentiell vorkommen können oder vom ökologischen Potential her vorkommen sollten. Die Klassifizierung der Biotoptypen erfolgt nach der Kartierungsanleitung (MEHL & BELLER 1984), wodurch die Nachvollziehbarkeit der Erfassungskriterien garantiert ist. In der Kartierungsanleitung festgelegte Kriterien ermöglichen auch eine weitgehende Gleichbehandlung aufnahmewürdiger Biotope auch von unterschiedlichen Kartierern. Bei den Kartierern handelt es sich immer um amtliche Mitarbeiter und Mitarbeiterinnen, die ständig im Gelände fachlich koordiniert werden, um so die individuelle Subjektivität möglichst klein zu halten.

Ein "Biotop" im Sinne der Biotopkartierung ist ein Lebensraum einer Lebensgemeinschaft (Biozönose) von bestimmter Mindestgröße und einheitlicher, gegenüber seiner Umgebung abgrenzbarer Beschaffenheit (SCHÄFER & TISCHLER 1983).

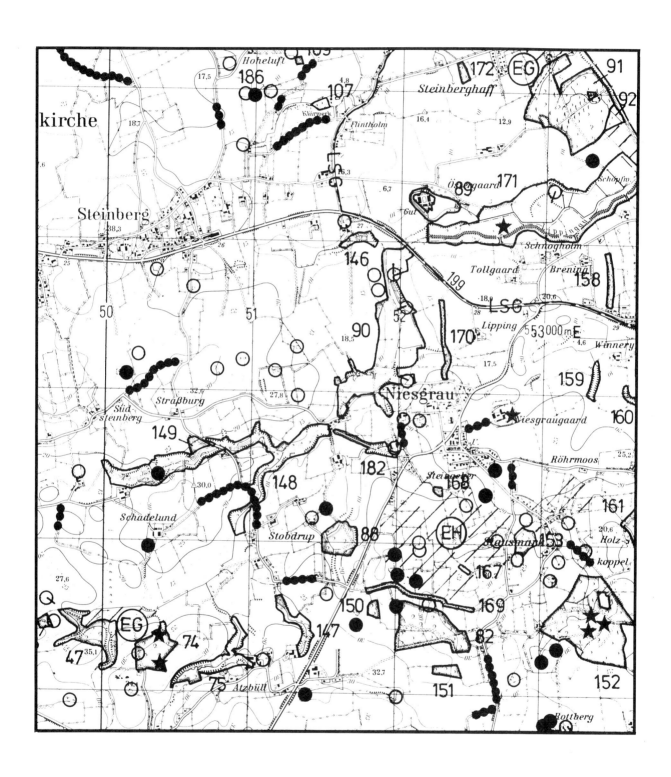

Abb. 2: Beispiel für die Darstellung von Biotopflächen und Signaturen im Biotopkataster; Maßstab 1:25 000

Kreis	5	9	Gem.-kennziffern	1 0 9 4 3 / 2		5 4		6	Lage in der Karte	TK25 1 4 2 4	Biotop-Nr 1 2 1

LN-SH — Biotopkartierung Schleswig-Holstein

Kreis: Schleswig-Flensburg
Gem.-kennziffern: 1 0 9 4 3 / 2 5 4 6
Lage in der Karte: X
TK25: 1 4 2 4
Biotop-Nr: 1 2 1
Anschlußbiotope: (leer)

Ort/Lage: bei Gunneby

Standort/Geologie: "Gunnebyer Noor – Nord"

Naturraum: Angeln
Naturraum-Nr.: 7 0 0 0 0

Beschreibung/Begründung zum Schutzvorschlag
Nordteil des Gunnebyer Noores mit meist intensiv beweideten Salzwiesen, teilweise quellig und artenreich. Entlang der Gräben und am Ufer Meerbinsen-Röhricht z.T. mit Schilf und Brackwasser-Hochstauden. Teilflächen nicht genutzt. Im Osten auch nicht brackwasserbeeinflußtes Feuchtgrünland. Zusammen mit dem Südteil des Noores (Biotop 1424/141) und der dazwischenliegenden feuchten Grünlandniederung in dieser Ausprägung einmaliger Biotopkomplex genutzter Salzwiesen an einem Schlei-Noor (im Kreise Schleswig-Flensburg).

Größe in qm: 3 9 7 8 2 0

Erfassungseinheiten:
Code:	BK	SM
%Flächenant.	100	75

KH	GF	VR
20	05	10

Arten (unterstrichen: nach BAV geschützt; fett: Rote Liste-SH 1-3)
dominant: Agrostis stolonifera, Festuca rubra litoralis, Bolboschoenus maritimus, Phragmites australis
sonstige: Juncus articulatus, Puccinellia maritima, Eupatorium cannabinum, Triglochin maritimum, Plantago maritima, Schoenoplectus tabernaemontani, Glaux maritima, Juncus gerardii, Alopecurus geniculatus, Angelica archangelica, Lythrum salicaria, Carex disticha, Potentilla anserina, Carex acutiformis, Phalaris arundinacea, Aster tripolium, Scirpus sylvaticus, Berula erecta, Achillea ptarmica, **Triglochin palustre**, **Sonchus palustris**, **Senecio aquaticus**, Alnus glutinosa, Prunus spinosa

Merkmale
§11 LPflegeG naß	X
§11 LPflegeG trocken	
seltener Bestand	
naturraumtypisch	
pflegebedürftig	
unt. Kartierungsgrenze	

Dominante Bestände/Gesellschaften: Salzwiese, Brackwasserröhricht

Gefährdungen/Einflüsse: 8 9 — Eutrophierung, im Norden Grünlandumbruch

Nutzungsbenachbarung: 4 9 **-überlagerung:** 2 — Acker, Grünland, Wasserfläche des Noores

Maßnahmen/Empfehlungen: Extensivierung, Trennung von angrenzendem Acker (Knick)

Literatur/Informationen/Sonstiges: von Grünlandkartierung des LN teilweise erfaßt: 1424/V006

Schutzmerkmale
	Bestand	Vorschlag	Aufhebung
Naturschutzg.		X	
Landschaftssch.	X		
Naturdenkmal			
L-Bestandteil			
Nationalpark			
Artenschutzgeb.			
ges.staatl.rep.			
Feuchtg.int.Bed.			
GeoschOb			

Bewert.: 1 **Randlänge:** 1
Fotos: (leer) **Dias:** (leer)

Bearbeiter: Gemperlein **Datum:** 20.08.87 **Ausgabe:** 12.12.88 **Teilflächen:** (leer) **Folgeblätter:** (leer)

EDV-Ausdruck LN Juni 1988

Abb. 3: Beispiel eines mit Hilfe eines Laser-Druckers ausgegebenen Biotoperfassungsbogens

Die im Gelände erfaßten Daten werden vom Kartierer über Bildschirm direkt in den Computer eingegeben und laufend aktualisiert (z.B. Änderung der Schutzkategorie einzelner Pflanzen- und Tierarten).
Die Daten sind jederzeit nach den speziellen Bedürfnissen des jeweiligen Nutzers abrufbar.

Bei den Biotoptypen, die die Erfassungseinheiten bilden, handelt es sich in der Regel nicht um pflanzensoziologische Einheiten, sondern um Typen, die auf die praktische Arbeit im Gelände und eine praxisorientierte Verwendbarkeit abgestimmt sind. Zur Zeit kommen insgesamt 88 Erfassungseinheiten zum Einsatz. Davon sind **65 biowissenschaftliche Einheiten**, die die Biotopflächen im eigentlichen Sinne beschreiben (z.B. alle Moorstadien und -typen, Küstenbiotope, Grünland, Dünen, Trockenrasen, Wälder, Gehölze usw.). Neben diesen biowissenschaftlichen Erfassungseinheiten werden zusätzlich **15 geowissenschaftliche Einheiten** eingesetzt, wie z.B. Bodenaufschlüsse, eiszeitliche Voll- und Hohlformen sowie geowissenschaftlich-historische Objekte (z.B. Schlafdeiche, Wurten, Wehle, Schanzen usw.). Dies erfolgt in Absprache mit dem Geologischen Landesamt Schleswig-Holstein.

Die elektronische Datenverarbeitung wurde erstmals seit 1986 eingesetzt (siehe hierzu auch MEHL & BUBLITZ 1986 und MEHL & KUTSCHER 1987), was Ergänzungen der Erfassungseinheiten notwendig machte. So werden seit Beginn der Kartierung im Kreis Schleswig-Flensburg zusätzlich naturferne und künstliche Lebensräume kodiert (8 Einheiten), soweit dies bei großen Biotopkomplexen, z.B. Talniederungen und großen Waldgebieten, zur Beschreibung der Gesamtfläche erforderlich ist (z.B. Fichtenforste, Pappelkulturen, Ackerflächen, Ruderalvegetation, Intensivgrünland, Flächen verschiedenen Versiegelungsgrades usw.).

Neben diesen Flächenerfassungen werden derzeit 18 verschiedene Signaturen verwendet, die wertvolle Objekte kennzeichnen, welche wegen zu geringer Ausdehnung in der Topographischen Karte 1 : 25 000 nicht mehr flächenhaft dargestellt werden können. Dies sind z.B. verschiedene Klassifizierungen von Kleingewässern, Doppelknicks, Baumreihen, Alleen, kleinstrukturierte Trockenstandorte, Quellen, Sölle, Vogelkolonien u.a. Da archäologische Denkmale neben ihrer landeskulturellen Bedeutung in der Regel auch Bedeutung für Fauna und Flora aufweisen, werden auch sie in Zusammenarbeit mit dem Landesamt für Vor- und Frühgeschichte als Signatur in das Biotopkataster aufgenommen.

Abb. 4: EDV-Auswertung: Graphischer Arbeitsplatz (SICAD)

1.3 Grundsätze der Biotopkartierung

Zusammenfassend kann festgestellt werden, daß das Kartierungsprogramm nach fünf Grundsätzen ausgerichtet ist (MEHL 1987):

- Abwicklung in einem überschaubaren Zeitraum
  Das bedeutet Beschränkung auf eine bestimmte Mindestqualität (untere Grenze der Aufnahmewürdigkeit), Benutzung eines gröberen Maßstabes (hier M = 1 : 25 000) und Beschränkung auf noch in der Karte darstellbare Flächengrößen von möglichst nicht unter 0,5 ha, ansonsten Verwendung von vorgegebenen Signaturen bei der Erfassung kleinerer Elemente.

- Beschränkung auf die freie Landschaft
  Trotz Vorgabe durch das Landschaftspflegegesetz, auch im Siedlungsbereich tätig zu werden, ist eine Beschränkung sowohl aus fachlicher Sicht (Problem der Bewertung) als auch aus Gründen der vorhandenen Arbeitskapazität im Landesamt notwendig.

- Nachvollziehbarkeit der Erfassungskriterien
  Dies geschieht anhand einer Kartierungsanleitung und der naturraumweisen Festlegung der unteren Kartierungskriterien und Auswertung (MEHL & BELLER 1984).

- Möglichkeit des schnellen Eingangs in die Planungspraxis und den Planungsvollzug
  Dies muß auch leichte Zugänglichkeit der Daten und Auswertungen für alle in der Landschaft tätigen Institutionen bedeuten.

- Fortschreibbarkeit der Daten
  Da eine Biotopfläche vom Kartierer in der Regel nur einmal aufgesucht werden kann, ist die Erfassung von Tieren sowie seltenen Pflanzen vom jeweiligen Stand der Jahreszeit abhängig. Die Aufnahme gerade dieser Arten verleiht jedoch einer kartierten Fläche eine zusätzliche Charakterisierung durch wichtige Zeigerarten. Hierbei hat die Mitarbeit von örtlichen Fachleuten und Fachinstituten große Bedeutung, deren Erkenntnisse über zusätzliche Arten oder Flächenveränderung ständig in das Biotopkataster einfließen.

Grundsätzliche übergeordnete Kriterien für die Erfassung:
  o Grad der Natürlichkeit (natürlich - naturnah - halbnatürlich, nach BUCHWALD & ENGELHARD 1978)
  o Seltenheit (national und regional gesehen)
  o Charakteristische Eigenart (naturraum- und landschaftstypisch)
  o Schutz (Bestand und Schutzbedürftigkeit).

4 Bewertung der Biotope

Eine dreistufige Bewertung der kartierten Flächen erfolgt direkt im Gelände durch den jeweiligen Kartierer. Nach der Auswertung des gesamten Kartierungsgebietes kommen zwei weitere Wertstufen hinzu. Die drei Grundwertstufen aus der Geländearbeit beziehen sich auf den Idealzustand eines Biotoptypes oder die negative

Abweichung hiervon. Die Wertstufe 1 ("gut") wird durch einen Schutzvorschlag angehoben, die Wertstufe 3 ("schlecht") wird durch die Angabe "untere Kartierungsgrenze" herabgesenkt.

Ganz offensichtlich zeigt sich eine Beziehung zwischen der Größe einer Biotopfläche und ihrem ökologischen Zustand: je größer die Fläche, umso besser der Zustand; je kleiner, umso schlechter fällt die Bewertung aus (s. Tabelle 1). Dies läßt auf zunehmende Randeinwirkungen in die Fläche hinein schließen.

Tabelle 1: Bewertung und durchschnittliche Größe der erfaßten Biotope

Wertstufe	Bewertung im Biotopkataster	Anzahl der Biotope	Anteil der Biotopfläche (%)	durchschn. Größe (ha)
I	1 + Schutzvorschlag	121	17,4	19,6
II	1	200	14,3	9,4
III	2	949	55,6	8,0
IV	3	393	9,2	3,2
V	3 + untere Grenze	241	3,5	2,0
		1912	100,0	7,1

. Ökologische Gesamtsituation

.1 Naturräumliche Gliederung

Naturräume sind räumlich abgrenzbare Landschaftsteile mit einem eigenständigen Gesamtcharakter. Ausgehend von unterschiedlichen, charakteristischen, geologisch-geomorphologischen Gegebenheiten entwickeln sich über entsprechend unterschiedlich verlaufende Bodenbildungsprozesse, die wiederum u.a. die Vegetationsentwicklung beeinflussen, ein differenziertes Nutzungsbild der Landschaft bis hin zur Art der Besiedelung mit all ihren landschaftsprägenden Einflüssen (MEYNEN & SCHMITHÜSEN 1962).
Im Kreis Schleswig-Flensburg sind die Landschaften geprägt durch die jüngere bis jüngste erdgeschichtliche Vergangenheit, nämlich die weichseleiszeitlichen Gletschervorstöße und die nacheiszeitlichen Schmelzwassersedimente.

Das Hügelland von Angeln im Osten und die Sanderflächen der Schleswiger Vorgeest im Westen nehmen den größten Flächenanteil des Kreises ein. Im Südwesten erstreckt sich der Kreis bis in die Eider-Treene-Sorge-Niederung, die von einigen landschaftsprägenden Geestinseln zergliedert wird. Im äußersten Nordwesten reicht die Lecker Geest bis an die Kreisgrenze, im Westen sind kleinere Bereiche der Bredstedt-Husumer Geest mit einbezogen. Südlich der Schlei zählen zwei kleine Teile des östlichen Hügellandes im Amt Hütten und in Schwansen mit zum Kreis Schleswig-Flensburg. Die Lage des Kreises innerhalb dieser sechs Naturräume ist in Abbildung 5 dargestellt.

Angeln
(Naturraum Nr. 70000)
Angeln als ein Teil des östlichen Hügellandes verdankt seine Entstehung der letzten Vereisung, die die älteren Landschaften des westlichen Schleswig-Holstein nicht mehr erreicht hat. Es erstreckt

sich von der Flensburger Förde im Norden bis zur Schlei im Süden. Von der Ostseeküste reicht es heran bis zu einer Linie etwa von Flensburg bis Schleswig als westlichen Abschluß.

Die Jungmoränenlandschaft zeichnet sich durch stark wechselnde, unruhige Oberflächenformen mit absoluten Höhen über 70 m aus. Auf diesen Höhenzügen verläuft die Wasserscheide zwischen Ost- und Nordsee. Es ist von einer großen Zahl z.T. tief eingekerbter Flußtäler in Ost-West-Richtung durchzogen, durch die sich das Wasser seinen Weg zur Ostsee gebahnt hat. Tunneltäler eiszeitlicher Entstehung haben langgestreckte Niederungsbereiche geschaffen, die oft in den tieferen Bereichen Seen entstehen ließen: Den Winderatter See, den Treßsee, den Südensee und den Langsee.

Die hier vorherrschenden schweren Lehm- und Tonböden sind, besonders in den Endmoränenzügen, stellenweise von Binnensanderflächen durchsetzt. Die Küstenformationen der Ostsee sind einerseits von Steilufern geprägt, die teilweise in einem Kliff von über 20 m zum Strand abfallen. Andererseits sind flache Abschnitte mit Strandwällen, die an den Buchten Haken und Nehrungen bilden, typische Küstenformen, die an vielen Stellen zur Bildung von Strandseen unterschiedlicher Größe geführt haben. Diese Fördenküste mit ihrem direkten Hinterland ist in ihrer Eigenart deutlich vom zentralen Angeln zu unterscheiden und als eigener Teilnaturraum anzusehen (ähnlich wie die Angeln und Schwansen trennende Schlei).

Schwansen, Hüttener Berge
(70101/70102)

Kleine Bereiche von Schwansen und dem Amt Hütten südlich der Schlei sind weitere Teile des östlichen Hügellandes, die dem Kreis Schleswig-Flensburg angehören. Dieses Gebiet geologisch gleicher Entstehung wie Angeln, lediglich durch die Schlei so markant abgetrennt, unterscheidet sich in seinem Landschaftscharakter nicht wesentlich von den nördlichen Bereichen. Neben dem Gebiet der Schleimündung zur Ostsee hin, einem kleinen Teil im Nordosten Schwansens, ist hier der Nordwestteil mit kräftigen Endmoränenbögen zu nennen.

Lage des Kreises Schleswig-Flensburg

Quelle: MEYNEN, E. & J. SCHMITHÜSEN, 1962

Abb. 5: Lage des Kreises in den Naturräumen
Naturraum-Nummern siehe Text

Herausragende Zeugnisse der geologisch, insbesondere eiszeitlich geprägten Landschaftsgeschichte sind die drei Gletschertore des Schleigletschers mit dem Thyraburger Tal, dem Busdorfer Tal und dem Haddeby/Selker Noor, letzteres als Standort der Wikinger-Siedlung Haithabu gleichzeitig auffälliges Dokument für die Abhängigkeit von Natur- und Kulturgeschichte.

Allerdings erschweren diese drei räumlich divergierenden Täler die Grenzziehung zwischen Angeln und Schwansen. Bei einer größermaßstäblichen Betrachtung wäre die Abgrenzung eines eigenständigen Naturraumes "Schlei" sicher sinnvoller.

Schleswiger Vorgeest
(69700)

Von der dänischen Grenze westlich von Flensburg im Norden zieht sich die Schleswiger Vorgeest im Kreisgebiet in südöstlicher Richtung in einem breiten Streifen über Tarp und Schleswig bis nach Tetenhusen im Süden. Westlich der weichseleiszeitlichen Endmoränen breitet sich die Sanderebene der Vorgeest aus. Sie ist aus großflächigen Schuttkegeln, die von den Schmelzwässern am Ende der letzten Vereisung abgelagert wurden, entstanden. Diese fast ebene Fläche ist nur nach Westen und Südwesten sanft geneigt, so daß abflußlose Senken in großer Ausdehnung oberflächlich vermoort sind. Entlang der Endmoräne verläuft eine breite Randzone von Norden nach Süden zwischen Översee und Lührschau, die vor allem durch die Entstehung von Hochmooren gekennzeichnet ist.

In den für diese Landschaft typischen trockensandigen Gebieten haben vielfach Übersandungen und Binnendünenbildungen aus feinem Sand stattgefunden. Große Vorkommen von Steinen und Kiessedimenten am Rande der jungpleistozänen Endmoränen haben hier Schotter- und Kieswerke entstehen lassen, die durch großräumige Abgrabungen den natürlichen Landschaftscharakter z.T. stark verändert haben.

Die Hohe Geest
(69100)

An der Westgrenze des Kreises erstrecken sich die östlichsten Teile der Bredstedt-Husumer- und Lecker Geest.

Die Oberflächenformen sind mehr oder weniger wellig, insgesamt jedoch deutlich nur in der Bredstedt-Husumer-Geest ausgeprägt. Hier sind auch flächenmäßig rostfarbene Waldböden, die sich meist auf sandigem Lehm als Podsol unter Wald entwickelt haben, noch stärker vertreten (Ausdruck hiervon sind die kartierten Wälder). In der Lecker Geest hingegen sind die Übergänge von diesen wenig ertragreichen Böden in die sehr armen Böden der Vorgeest derart fließend, daß von einer Abgrenzung des Naturraumes Lecker Geest im Kreisgebiet Schleswig-Flensburg, für den ohnehin nur ein sehr kleiner Bereich im äußersten Nordwesten des Kreises in Frage gekommen wäre, abgesehen wurde.

Die ausgewaschenen altglazialen Böden und die Sanderflächen sind potentielle, feuchte bzw. trockene Heideböden, die in vielen Fällen mit Fichten aufgeforstet worden sind, u.a. um Übersandungen und Binnendünen festzulegen.

Eider-Treene-Sorge-Niederung
(69200)

Die Eider-Treene-Sorge-Niederung im Südwest des Kreisgebietes ist aus den weiträumigen Urstromtälern der Schmelzwässer der letzten Vereisung entstanden. Die Flußmarschenlandschaft ist mit saaleeiszeitlichen Geestinseln verzahnt, die die Flußtäler trennen. Die Erfder Geestinsel ist durch ein dichtes Netz hervorragend ausgestatteter Knicks und einer Vielzahl von Weidetümpeln charakterisiert. Der Stapelholmer Geestrücken ist durch eine markante Kliffküste im Süden geprägt, die an einigen Stellen Abgrabungen zur Kiesgewinnung aufweist.

In den ausgedehnten Niederungsbereichen haben sich nacheiszeitlich große Nieder- und Hochmoore entwickelt, von denen ein Großteil bis heute kultiviert worden ist. Durch wasserwirtschaftliche Maßnahmen, wie Senkung des Grundwasserspiegels und Eindeichung der Flüsse ist die Eider-Treene-Sorge-Niederung seit dem Mittelalter stark verändert und umgestaltet worden mit dem vordringlichen Ziel, die Marsch- und Niederungsgebiete landwirtschaftlich nutzbar machen zu können. So ist diese Landschaft heute durch ausgedehnte Grünlandbereiche geprägt.

2.2 Pflanzenwelt

Die Verbreitung der seltenen Gefäßpflanzen in den erfaßten Biotopen dokumentieren besonders deutlich noch gut erhaltene, naturnahe Lebensraumqualitäten. Die Verteilung der erfaßten Biotope mit den seltenen Arten über das Kreisgebiet (siehe Anhang) spiegelt die unterschiedlichen Ansprüche dieser Arten an die von der naturräumlichen Gliederung des Kreises vorgegebenen wesentlichen Standortfaktoren wider. So repräsentiert etwa das Stattliche Knabenkraut (Orchis mascula) die reichen und frischen Buchenwaldböden der Jung- und Altmoräne, die Moosbeere (Vaccinium oxycoccus) die im östlichen Hügelland ausklingende Hochmoorlandschaft, das Hundsveilchen (Viola canina) die trockenen und sandigen Böden u.a. der Sanderlandschaft und die Krebsschere (Stratiotes aloides) u.a. nährstoffreiche klare Marschgräben der Eider-Treene-Sorge-Niederung (Abb. 6).

Im folgenden werden die wichtigsten im Kreis Schleswig-Flensburg in den Jahren 1986/87 angetroffenen gefährdeten Pflanzenarten - jeweils im Zusammenhang mit ihren Lebensräumen - vorgestellt. Eine Übersicht aller in erfaßten Biotopen beobachteten und nach der Roten Liste der Gefäßpflanzen Schleswig-Holstein (1982) gefährdeten Arten vermitteln die Verbreitungskarten im Anhang. Beginnend mit der Ostseeküste und ihren natürlichen Sand- und Geröllstränden, Strandwällen, Dünen und Dünentälern sowie Steilküsten werden alle wichtigen Biotoptypen des Kreises gestreift.

Strandwälle

Auf Strandwällen der Angeliter Ostseeküste wachsen hin und wieder die gefährdeten Pflanzen Meerkohl (Crambe maritima), Strandplatterbse (Lathyrus maritimus) und Hundsveilchen (Viola canina). Seltener findet man die Stranddistel (Eryngium maritimum), Blume des Jahres 1987. Während der Kohllauch (Allium oleraceum) und der Weinbergslauch (Allium vineale) die warm-trockenen Verhältnisse der Strandwälle bevorzugen, findet man den häufigeren Schlangenlauch (Allium scorodoprasum) in wechselnassen, oft auch quelligen Übergangsbereichen z.B. zur Steilküste, zu Brackwasserröhrichten oder Salzwiesen.

Brackwasser-Hochstaudenried

Im naturnahen Brackwasserröhricht und Brackwasserhochstaudenried wachsen eine ganze Reihe z.T. stark gefährdeter, interessanter und oft attraktiver Stauden. In lückigen Schilfbeständen bildet die Salzbinse (Juncus maritimus) inselartige Gruppen, öfter zusammen mit dem nach Cumarin duftenden Mariengras (Hierochloe odorata) und der seltenen Natternzunge (Ophioglossum vulgatum). Charakteristische Pflanzen, insbesondere der Schleiufer sind der Sumpfstorchschnabel (Geranium palustre), die Sumpfgänsedistel (Sonchus palustre) und der Wiesenknopf (Sanguisorba officinalis). In den Buchten der Schlei, am Rand von Strandseen (Schleimünde, Holnis), in sumpfigen Bereichen der Strandwall-Landschaft (Geltinger Birk, Schleimünde) und in Flachuferbereichen der Flensburger Innenförde (Quellental) sind noch gut erhaltene Brackwasserhochstaudenriede mit den genannten Arten kartiert worden. Nur im westlichen Teil der Geltinger Birk wächst der Eibisch (Althaea officinalis), der im Herbst durch breite Blütenköpfe auffällige Wiesenalant (Inula britannia) auch an der Schleimündung.

Im Standortgefälle zu angrenzenden Nutzungen, u.a. am Rande extensiv bewirtschafteter Salzwiesen, sind vereinzelt eine Reihe weiß blühender Doldenblütler zu beobachten: die Wiesensilge (Selinum carvifolia) in den brackwasserbeeinflußten Wiesen der Langballigau, Wiesen-Pferdesaat (Oenanthe lachenalii), im Naturschutzgebiet

Geltinger Birk häufiger die Röhrige (Oenanthe fistulosa). An ähnlichen Stellen wächst die stark gefährdete Salzbunge (Salmolus valerandi).

Salzwiesen und Salzweiden

Von den seltenen Arten vertragen ständige Beweidung oder Mahd nur bestimmte, lichtliebende Salzrasenspezialisten, die sich - bei überwiegend extensiver Nutzung - aspektbildend ausbreiten können. Dazu gehören die Löffelkrautarten (Cochlearia anglica, Cochlearia officinalis), die Strand- und die Lückensegge (Carex extensa, Carex distans), der Erdbeerklee (Trifolium fragiferum) und auch das Braunrote Quellried (Blysmus rufus), das sich besonders an der Grenze zu Süßwasserquellaustritten wohlfühlt. Artenreiche Salzrasenwiesen mit naturnahen Übergangsstadien zu Strandwällen, Brackwasserröhrichten und Brackwasserhochstaudenrieden, die an der Ostsee von Natur aus allerdings nur sehr kleinflächig vorkommen, sind sowohl durch Nutzungsaufgabe als auch durch Nutzungsintensivierung sehr selten geworden. Über die Renaturierung mancher mit aus heutiger Sicht unangemessenem Aufwand betriebenen Eindeichung solcher Gebiete wird daher wieder verstärkt nachgedacht.

Steilküsten

Viele Steilküstenabschnitte der Schleswig-Flensburger Ostseeküste erhalten einen besonderen Charakter durch angrenzende, schluchtenreiche Wälder. Auch aus geologischen Gründen zählt die Steilküste der Flensburger Förde zu den Besonderheiten des Landes. Durch ausgedehnte Binnensander, die gegen Ende der letzten Eiszeit die älteren, basenreichen Grundmoränen überdeckten, entstand ein verwirrendes Mosaik dieser vom Standort her sehr gegensätzlichen Substrate. Hier wachsen auf engem Raum fast alle Arten der Wälder und Waldsäume Angelns, dazu viele Pflanzen der Trockenrasen, Halbtrockenrasen und Quellfluren. Habichtskräuter bilden im Sommer in ihren unterschiedlichen Gelbtönen einen auffälligen Blütenhorizont. Das Waldhabichtskraut (Hieracium sylvaticum) ist landesweit zwar nicht gefährdet, in Angeln aber nicht häufig. Dagegen sind die erst kürzlich entdeckten Vorkommen des Pfeilhabichtskrauts (Hieracium fuscocinereum) an mergeligen Buchenwaldabbrüchen um Glücksburg die einzigen in der Bundesrepublik. Blaue Aspekte liefern die Glockenblumenarten. Die Breitblättrige Glockenblume (Campanula latifolia) findet man regelmäßig an frischen Abbruchkanten der gesamten Ostseeküste, die Pfirsichblättrige und die Geknäulte Glockenblume (Campanula persicifolia, Campanula glomerata) kommen im Glücksburger Raum noch vor. Bemerkenswerte Arten bewaldeter, basenreicher Abhänge sind das Christophskraut (Actaea spicata), die Frühlings- und die Waldplatterbse (Lathyrus vernus, Lathyrus sylvestris), die Golddistel (Carlina vulgaris), die Fingersegge (Carex digitata), der Wiesenhafer (Avena pratensis) sowie alle in Schleswig-Flensburg heimischen Waldorchideen. Sie repräsentieren den seltenen Kalkbuchenwald (s.u.).

Sandige Abbruchstadien bevorzugen dagegen die Echte Königskerze (Verbascum thapsus), Zittergras (Briza media), Purgierlein (Linum catharticum), Kreuzblümchen (Polygala vulgaris) und das Echte Tausengüldenkraut (Centaurium erythraea). An lichten, quelligen Abhängen wachsen u.a. Gräser und Seggen, so die Dünnährige Segge (Carex strigosa) und die sehr elegante Hängesegge (Carex pendula). Verschollen sind hier u.a. der Weidenblättrige Alant (Inula salicina), das Sumpfherzblatt (Parnassia palustris) und die Sumpf-Stendelwurz (Epipactis palustris).

Bachschluchten-Schluchtwälder

Steile Abbruchkanten gibt es auch an den tief eingeschnittenen Bach- und Autälern im Ostseeküstenraum, im Schleigebiet und an der oberen Treene. Zwar fehlt ihnen die ausgeprägte Dynamik der Küstenabbrüche; neben ruhenden, bewaldeten Hängen kommen jedoch auch erodierende Steilhänge vor. Am natürlichen Prallufer der Treene bei Tarp wächst an lichten, grasigen Stellen die Große Kuhschelle (Pulsatilla vulgaris), die sonst in Schleswig-Holstein nicht mehr vorkommt. Riesenschachtelhalm (Equisetum telmateia) und Weiße Pestwurz (Petasites albus) sind typische und auffällige Pflanzen in den steilen und engen, deshalb kleinklimatisch bemerkenswerten "Gruen" - charakteristische in den Strandbereich übergehende Bachschluchten der Ostseeküste Nordwestangelns.

Schöne, oft quellige Hangwälder sind durch das regelmäßige Vorkommen von Traubenkirsche (Prunus padus), Bergulme (Ulmus glabra) und Esche (Fraxinus excelsior) gekennzeichnet. Dieser Waldtyp ist besonders charakteristisch und teilweise urwaldartig an der Flensburger Außenförde bei Bockholm, im Tal der Langballigau, der Munkbrarupau, der Füsinger Au, der Steinberger Au sowie den Oberläufen der Lippingau erhalten. Hier kann man im Frühjahr blütenreiche Geophytenfluren mit dem Hohlen und dem Mittleren Lerchensporn (Corydalis cava, cintermedia), den Primelarten (Primula vulgaris, Primula elatior) und der Zahnwurz (Dentaria bulbifera) bewundern. Dazu kommen weniger häufig das Kleine und das Mittlere Hexenkraut (Circaea alpina, Circaea intermedia), der Wiesen- und der Winterschachtelhalm (Equisetum pratense, Equisetum hyemale), das Fuchs'sche Knabenkraut (Dactylorhiza fuchsii), das Stattliche Knabenkraut (Orchis mascula), das Weiße Waldvögelein (Platanthera chlorantha) und das Große Zweiblatt (Listera ovata).

Niederwälder

Erlen-Eschenwälder sind auch in ebenen Lagen der Jungmoräne häufig, z.B. als Feldgehölze oder eingestreut in größere Buchenwaldbereiche. Wurden oder werden sie nach alter Tradition als Niederwald genutzt, dann entwickelt sich durch den höheren Lichtgenuß eine ähnliche Bodenvegetation wie in den oben beschriebenen Hangwäldern. Selten im nördlichen Angeln sind die aus alten Bauerngärten in solchen Wäldern verwilderten Heilpflanzen Süßdolde (Myrris odorata) und Kriechende Gemswurz (Doronicum pardialancaes). Auffällige Aspekte entstehen durch Bestände des Lungenkrautes (Pulmonaria obscura), deren blaurote Färbung sich im März/April mit dem Gelb der Hohen und Stengellosen Schlüsselblume (Primula elatior, Primula vulgaris) mischt. Sehr gut erhaltene Niederwaldbereiche, die teilweise auch aus älteren Windbruchflächen auf natürliche Weise entstanden sind, gibt es in Fehrenholz ("Primelholz") bei Kronsgaard.

In einzelnen eschenreichen Buchenwäldern auf fetten und nährstoffreichen Standorten der Jung- und Altmoräne bildet der Bärlauch (Allium ursinum) die dominante Art der Krautschicht. Schöne Beispiele gibt es an der Füsinger Au bei Bergenhusen.

Buchen-Eichenwälder der Jung- und Altmoräne

Nährstoffärmere, trockenere Verhältnisse herrschen auf ausgelaugten Kuppen mit Perlgras- und Flattergras-Buchenwald sowie in den Binnensandergebieten um Glücksburg, Süderbrarup sowie zwischen Schleswig und Flensburg. Im charakteristischen Buchen-Eichenwald findet die Buche oft noch Anschluß an tieferliegende, nährstoffreichere Bodenhorizonte. Der Krautschicht jedoch fehlen die Arten nährstoffreicherer Buchenwälder weitgehend. Die Waldhainsimse (Luzula sylvatica) bedeckt größere Flächen vor allem in den Wäldern der küstennahen Binnensandergebiete. Weitere charakteristische Arten sind der schleierartig Totholz und "Glönsches" überwachsende Rankende Lerchensporn (Corydalis claviculata) und das Schöne Johanniskraut (Hypericum pulchrum). In luftfeuchtem Kleinklima, z.B. an Bächen, wachsen Rippenfarn (Blechnum spicant), Bergfarn (Thelypteris limbosperma), Buchenfarn (Thelypteris phegopteris) und Eichenfarn (Gymnocarpium dryopteris). Verschollen ist die Fiederteilige Mondraute (Botrychium multifidum), die in Schleswig-Holstein früher nur bei Glücksburg vorgekommen ist. Nicht allzu selten - jedoch bei der Kartierung nur einmal beobachtet - ist das Kleine Wintergrün (Pyrola minor). Der zur gleichen Familie gehörende, stark gefährdete Fichtenspargel (Monotropa hypopitys) bevorzugt trockene und saure Böden.

Eichen- und Birkenwälder

Die ausgesprochen armen, sandigen Böden des Sandergebietes tragen als potentiell natürliche Vegetation den Eichen-Birken-Wald. Neben den früher als Niederwald genutzten "Kratts" gibt es kaum noch naturnahe Wälder dieses Typs. Gefährdete Arten der Krautschicht sind die Bergsegge (Carex montana), der Salomonsiegel (Polygonatum odoratum), die Bergplatterbse (Lathyrus montanus) und die attraktive Weiße Waldhyazinthe (Platanthera bifolia). Ein Eichen-Birken-Wald ist auch ein Endstadium der Sukzession auf trockenen Strandwällen der Ostsee. Im Naturschutzgebiet Geltinger Birk ist ein kleiner Restbestand entwickelt, der vor allem durch den attraktiven Blutroten Storchschnabel (Geranium sanguineum) bekannt ist. An den warmen, lockeren und lichten Rändern dieses

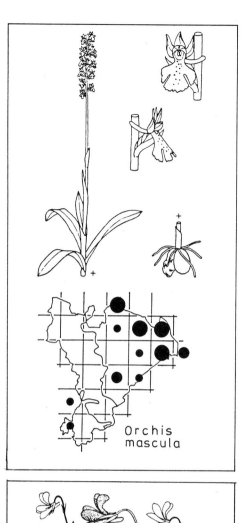
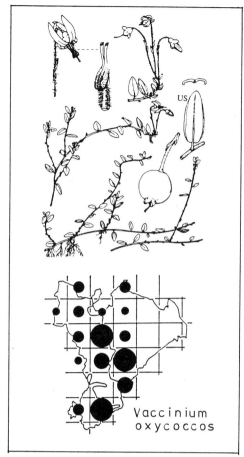
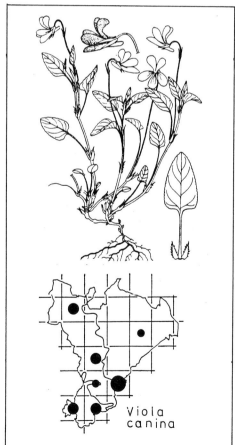
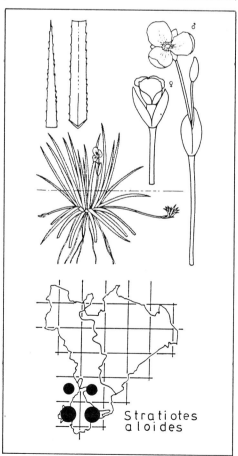

Abb. 6: Verbreitung charakteristischer seltener Pflanzenarten (Grundlage: Vorkommen in erfaßten Biotopen); Abbildungen der Pflanzen verändert nach ROTHMALER 1987

krattähnlichen Eichen-Birken-Waldes wachsen u.a. Ackerrose (Rosa agrestris) und Sherard's Rose (Rosa sheradii), die in Schleswig-Holstein beide vom Aussterben bedroht sind.

Heiden, Magerrasen, Hochmoor

Durch extensive Beweidung entstanden im Mittelalter Heiden und Magerrasen aus den ohnehin armen Eichen-Birken-Wäldern. Heute sind naturnahe Borstgrasrasen und Besenheide-Gesellschaften in der Schleswiger Vorgeest äußerst selten. Kleinflächige Bestände lehnen sich öfter an Kratts, Kiesgruben und Heidemooren an. Höhere Flächen der genannten Gesellschaften finden sich vor allem auf und an Binnendünen, z.B. am Treßsee oder am Rimmelsberg (beides NSG). Bezeichnende Arten wie die Gewöhnliche Kreuzblume (Polygala vulgaris), Arnica (Arnica montana), Steifer und Schlanker Augentrost (Euphrasia stricta, Euphrasia micrantha), Kolbenbärlapp (Lycopodium clavatum), Waldläusekraut (Pedicularis sylvatica), Lungenenzian (Gentiana pneumonante), Schwarzwurzel (Scorconera humilis) oder auch Wacholder (Juniperus communis) sind nur mehr in wenigen Gebieten in meist geringer Anzahl angetroffen worden. Etwas häufiger - weil weniger wählerisch und auf Sekundärstandorte ausweichend - sind z.B. Nelkenschmiele (Aira caryophyllea), Heidenelke (Dianthus deltoides), Deutsches und Ackerfilzkraut (Filago vulgaris, Filago arvensis), Englischer Ginster (Genista anglica), Thymian (Thymus pulegioides) und Hundsveilchen (Viola canina). Feuchtheiden und Heidemoore treten oft in enger Nachbarschaft zu den o.g. Lebensräumen auf. Von den gefährdeten Arten sind am häufigsten die Moorlilie (Narthecium ossifragum), die Moosbeere (Vaccinium osycoccus), der Rundblättrige Sonnentau (Drosera rotundifolia) sowie die Rosmarinheide (Andromeda polifolia) gefunden worden. Viel seltener ist schon das Gefleckte Knabenkraut (Dactylorhiza maculata), der Mittlere Sonnentau (Drosera intermedia), das Sumpfläusekraut (Pedicularis palustris), das Weiße Schnabelried (Rhynchospora alba) und der Gemeine Wasserschlauch (Utricularia vulgaris). Diese Arten kommen regelmäßig auch in Schlenkenbereichen der atlantischen Hochmoore vor. Sehr selten sind die Zweihäusige Segge (Carex dioica), die Alpen-Haarsimse (Trichophorum alpinum), die im Ihlseemoor gefunden wurde, sowie die Rauschbeere (Vaccinium uliginosum). Bemerkenswert ist das

Vorkommen des Torfmoos-Knabenkrautes (Dactylorhiza sphagnicola) in einem Moorrest auf der Schleswiger Vorgeest sowie die Weichwurz (Hammarbya paludosa) im NSG Hechtmoor im mittleren Angeln.

Erlenbrüche

Niedermoore wurden im Kreisgebiet größtenteils kultiviert. Von Natur aus tragen sie Erlenbrüche, die am schönsten in den Bachauen des östlichen Hügellandes, z.B. im Tal der Steinberger Au und der Langballigau, entwickelt sind. Auch im Verlandungsbereich von Seen treten Erlenbrüche auf. Eine große Anzahl seltener und gefährdeter Pflanzenarten wächst in den Bruchwäldern am Pugumer See bei Glücksburg. Unter anderem kommen vor:
Sumpf-Farn (Thelypteris palustris), Natternzunge (Ophioglossum vulgatum), Hexenkraut (Circaea alpina) und der Alpen-Kammfarn (Dryopteris cristata).

Hochstaudenriede, Feuchtgrünland

In den Randbereichen solcher naturnahen Bruchwaldgebiete wachsen in Sukzessionsstadien hochwüchsige Stauden der Quell- und Feuchtwiesen, z.B. die Stumpfblütige Binse (Juncus subnodulosus), die Spitzblütige Binse (Juncus acutifloris), die Schwarzschopfsegge (Carex appropinquata), der Flaumhafer (Avenochloa pubescens), der Straußblütige Gelbweiderich (Lysimachia thyrsiflora) oder auch die Fadensegge (Carex lasiocarpa).

Durch extensive Nutzung als Weide oder Wiese sind aus vielen Niedermoor- bzw. Bruchwaldbereichen artenreiche Feuchtwiesen geworden, die besonders in der Eider-Treene-Sorge-Niederung umfangreiche Flächen bedecken. Bekanntlich sind diese Lebensräume heute stark gefährdet. Die artenreichsten Bestände finden sich in Quellnischen und unzugänglichen Hangpartien im östlichen Hügelland, während die großflächigen Feuchtwiesen der Niederung weitgehend verschwinden.

Extensiv genutzte, kalkreiche Niedermoorwiesen, wie sie z.B. am Winderatter See oder bei Glücksburg zu finden sind, enthalten oft gefährdete Arten, vor allem Sauergräser, z.B. die Flohsegge (Carex pulicaris), die Zweihäusige Segge (Carex dioica), oder die Gelbseggen (Carex flava, Carex demissa). Bemerkenswerte Kräuter in diesen Lebensräumen sind das Sumpf-Herzblatt (Parnassia palustris), die Läusekräuter, die schon oben erwähnt wurden, sowie das Fleischfarbene Knabenkraut (Dactylorhiza incarnata). Fieberklee (Menyanthes trifoliata) und Breitblättriges Knabenkraut (Dactylorhiza majalis) bilden z.T. charakteristische, aspektbildende Bestände in nährstoffreichen Feuchtwiesen, die extensiv genutzt werden. Saure Moorwiesen, Kleinseggenrasen und ähnliche Standorte besiedeln die Igelsegge (Carex echinata), die Sumpfsternmiere (Stellaria palustris), der Sumpfdreizack (Triglochin palustre) und die Fadenbinse (Juncus filiformis).

Ganz besondere Lebensräume sind auch aus landesweiter Sicht die alten, verlandeten Marschseen der Eider-Treene-Sorge-Niederung sowie die extensiv genutzten Flußmarschen der Eider bei Thielen und im Westerkoog. Dort finden sich bezeichnende Pflanzengesellschaften des extensiv genutzten Grünlandes mit Traubentrespe (Bromus racemusus), Sumpfplatterbse (Lathyrus palustris), Sumpfläusekraut (Pedicularis palustris) und Kleinem Klappertopf (Rhinanthus minor). Die Rasensegge (Carex caespitosa) ist eine charakteristische Art des oberen Treenetales, wo sie in extensiv genutzten Feuchtwiesen öfter auftritt.

2.3 Tierwelt

Säugetiere

An der Südgrenze des Kreises liegt im Bereich der Eider-Treene-Sorge-Niederung einer der letzten Lebensräume des Fischotters in Schleswig-Holstein. Der Kreis war traditionell ein otterreiches Gebiet, und im Norden bestand über das Jardelunder Moor Kontakt zur dänischen Otterpopulation. Die letzten Erhebungen aus dem Jahre 1986 (HEIDEMANN & RIECKEN 1987) ergaben für den Ottern, der großflächig vernetzte Fließgewässersysteme mit vielfältig strukturierten Uferzonen bewohnt, nur noch ein Vorkommen im Bereich der Eiderniederung. Die starke Bedrohung des Otters ist hauptsächlich mit dem Ausbau und der Unterhaltung von Fließgewässern in Zusammenhang zu bringen.

Von den 13 in Schleswig-Holstein vorkommenden Fledermausarten leben im Kreisgebiet sechs Arten (PIEPER & WILDEN 1980). Zu den häufigsten Arten gehören die Breitflügel-Fledermaus, die strukturreiche Ortschaften besiedelt und die Zwergfledermaus, die allgemein gehölzreiche Landschaften bewohnt. Besonders bemerkenswert sind Nachweise der stark gefährdeten Fransenfledermaus und Rauhhaut-Fledermaus in der Nähe von Flensburg.
Für alle Fledermausarten wurden rückläufige Bestände registriert. Als Hauptursachen hierfür werden Verringerung des Nahrungsangebotes (Insekten), als direkte und indirekte Auswirkungen von Bioziden und die Zerstörung von Sommer- und Winterquartieren genannt. Der Mangel an natürlichen Höhlen bedingt in Schleswig-Holstein eine Abhängigkeit der Fledermäuse von "künstlichen" Höhlen in Häusern, Kellern und Gewölben.
Beim jagdbaren Wild ist vor allem auf das Vorkommen von eingebürgertem Sikawild im Ostteil Angelns und das Fehlen von Rot- und Schwarzwild hinzuweisen (Minster für Ernährung, Landwirtschaft und Forsten 1987). Für das Schwarzwild stellt der Nord-Ostsee-Kanal in Schleswig-Holstein die nördliche Verbreitungsgrenze dar.

Vögel
Vor allem die Eider-Treene-Sorge-Niederung, das Naturschutzgebiet Geltinger Birk, die Schlei mit ihren Randzonen und hier besonders das Naturschutzgebiet Oehe-Schleimünde sind im Kreisgebiet als Brut-, Nahrungs- und Rastplätze mit überregionaler Bedeutung bekannt.
Die Eider-Treene-Sorge-Niederung weist als größter verbliebener Rest ehemals ausgedehnter Feuchtgrünlandniederungen in Schleswig-Holstein trotz teilweise starken Rückgangs noch immer eine sehr artenreiche Wiesenvogelwelt auf. Hier brüten noch regelmäßig Brachvogel, Bekassine, Uferschnepfe, Rotschenkel, Braunkehlchen und Schafstelze (GRÜNKORN 1987). Der Weißstorch hat in

den Storchendörfern der Geestinseln Stapelholms seit jeher seine größte Ansiedlung in Schleswig-Holstein und der Bundesrepublik. Aber auch hier ist der Bestand stark rückläufig. Einer von drei Verbreitungsschwerpunkten der Wiesenweihe des Landes liegt ebenfalls innerhalb dieser Niederung. Auch die stark gefährdeten Schleiereule und Steinkauz erreichen hier die weitaus höchste Siedlungsdichte in Schleswig-Holstein.

Außerhalb der Brutzeit halten sich in der Niederung große Schwärme von Wasservögeln und Limikolen auf, die den Wert der Eider-Treene-Sorge-Niederung als Feuchtgebiet von internationaler Bedeutung unterstreichen.

In den randlichen Mooren der Niederung und in den Restmooren der Geest allgemein brütet die gefährdete Sumpfohreule. Verbreitungsschwerpunkt auf der Geest zeigt auch die Waldohreule. Sie bevorzugt als Lebensraum Waldränder, die an Grünland angrenzen (ZIESEMER 1978). Laub- und Mischwaldhölzer des östlichen Hügellandes werden dagegen vom Waldkauz bewohnt.

Stark rückläufige Tendenz zeigen im Kreisgebiet Steinkauz und Schleiereule (ZIESEMER 1978). Die Hauptursachen sind in der Intensivierung der landwirtschaftlichen Nutzung und in der Umstrukturierung der Dörfer zu suchen. Durch Beseitigung von natürlichen und naturnahen Landschaftselementen und durch Einsatz von Pestiziden wurde die Nahrungsgrundlage der Eulen - meist Großinsekten und Mäuse - geschmälert. Der Brut- und Ruheraum der Eulen ging vor allem bei Altbausanierungen und durch Beseitigung von alten Obstgärten verloren.

An der Ostseeküste liegen bedeutende Seevogelkolonien (Geltinger Birk, Möwenberg/Schlei und vor allem Oehe-Schleimünde) mit Mittelsäger, Austernfischer, Rotschenkel, Säbelschnäbler, Silber-, Sturm- und Lachmöwe, Fluß-, Küsten- und Zwergseeschwalbe. Seit wenigen Jahren brüten hier auch einige Brandseeschwalben. Als Seltenheit ist die Schwarzkopfmöwe zu erwähnen, die hier einen der beiden alljährlichen besetzten Brutplätze des Landes hat. Ostseeküste und Förden sind außerhalb der Brutzeit wichtige Rastplätze mit teilweise internationaler Bedeutung für Wasservögel. An den Abbruchufern der Küste zwischen der Halbinsel Holnis sowie an der Schlei gibt es eine Reihe von Brutkolonien der Uferschwalbe. Sie bevor-

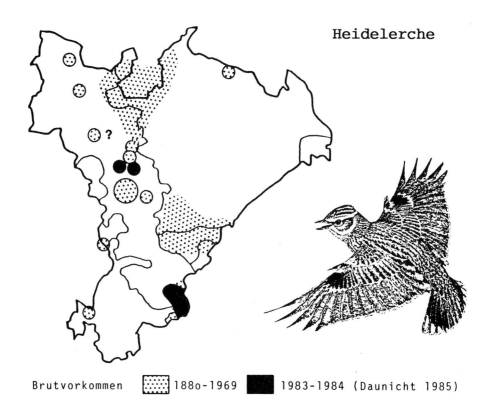

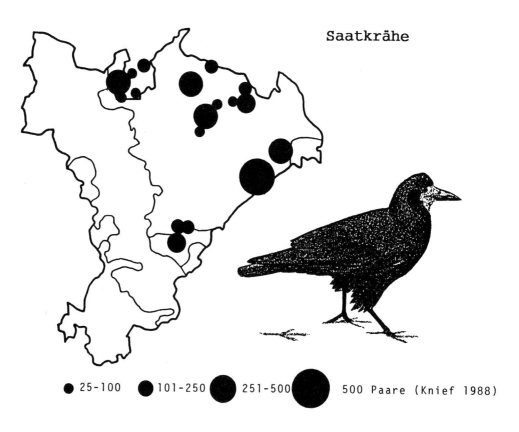

Abb. 7: Ehemalige und heute Verbreitung der Heidelerche und heutige Verbreitung der Saatkrähe im Kreis Schleswig-Flensburg.
Zeichnungen Daunicht. Verbreitungsangaben aus DAUNICHT 1985 und KNIEF 1988

zugt hier zumeist hohe Ufer mit sandigem Boden. Als zusätzlicher Brutraum kommen für sie die zahlreichen Kiesgruben des Kreises hinzu (BERNDT 1979).

Angeln gehörte (MARQUARDT 1955) und gehört auch heute noch zu den Landesteilen mit dem dichtesten Knicknetz. Entsprechend reichhaltig ist insbesondere die Singvogelwelt. Weiterhin gibt es in diesem Bereich eine stattliche Anzahl von Saatkrähenkolonien mit einem Anteil von ca. 25 % am Landesbestand.

Als typischer Brutvogel aufgeforsteter Heiden und strukturreicher, kleiner Nadelgehölze der Geest ist die Heidelerche zu nennen, deren Bestand jedoch stark zurückgeht. In den teilweise wiedervernäßten Hochmooren brüten vor allem Krickente, Birkhuhn, Brachvogel und Sturmmöwe.

Eine ganze Reihe von mehr südlichen und östlichen Vogelarten erreicht im Landesteil Schleswig die nördliche Verbreitungsgrenze ihres mitteleuropäischen Brutvorkommens, das in einer stark verdünnten Zone allenfalls bis in das südliche Dänemark reicht. Betroffen sind rund 25 Vogelarten, die als tiergeographische Besonderheiten den Raum erheblich prägen.

Amphibien und Reptilien

Etwa seit 1960 ist für die Amphibienfauna ein starker Rückgang festzustellen. Im Kreisgebiet kommen noch Teichmolch, Kammolch, Erdkröte, Rotbauchunke, Knoblauchkröte, Kreuzkröte, Gras-, Wasser-, Moor- und Laubfrosch vor. Der Verbreitungsschwerpunkt für den Laubfrosch liegt im östlichen Hügelland, wobei diese relativ weite Verbreitung aber über die drastisch gesunkenen Individuenzahlen hinwegtäuscht (Landesamt für Naturschutz und Landschaftspflege Schl.-Holst. 1981). Besonders bemerkenswert für das Kreisgebiet ist das Vorkommen des vom Aussterben bedrohten Bergmolches im Bereich Flensburg und der Rotbauchunke an wenigen Örtlichkeiten im Küstenbereich.

Die zahlenmäßige Reduzierung der Laichgewässer und Sommerlebensräume hat die Amphibien in weiten Bereichen des Kreises selten werden oder sogar verschwinden lassen. Die ehemaligen Niedermoore werden als früher angestammter Lebensraum der meisten Arten intensiv landwirtschaftlich genutzt. Einige Arten haben sich noch inselartig im Bereich von Ortschaften gehalten. Insgesamt bieten sich für die Amphibien nur noch in wenigen Bereichen Lebensmöglichkeiten.

Die rückläufigen Reptilienpopulationen sind mit dem Schwund von Heiden, Hochmooren und Trockenrasen in Zusammenhang zu bringen. Die heutigen Verbreitungsschwerpunkte von Waldeidechsen und Ringelnatter und der stark gefährdeten Arten Zauneidechse und Kreuzotter liegen im Bereich des klimabegünstigten, östlichen Geestrandes, für Kreuzotter und Ringelnatter auch in der Eider-Treene-Sorge-Niederung.

Fische
Von den gefährdeten Fischarten (DEHUS 1982) kommen im Kreis Schleswig-Flensburg noch Flußneunauge, Bachneunauge, Moderlieschen, Hasel, Aland, Elritze, Rapfen, Gründling, Bitterling und Steinbeißer vor. Als Besonderheit gilt der Seestint, der an der schleswig-holsteinischen Ostseeküste nur in der Schlei lebt. Sein Hauptlaichgebiet liegt in der Loiter Au (DEHUS 1982). Als individuen- und artenreiche Gewässer ragen Bollingstedter Au und Treene, Selker Au und Alte Sorge heraus. Hier konnte sich noch ein Großteil der gefährdeten Arten halten.
Alle Arten, mit Ausnahme einiger an eutrophe Verhältnisse angepaßter Fische, wie Schleie, Barsch, Plötze, Rotfeder u.a., weisen derzeit rückläufige Bestände auf. Andere Arten, z.B. Meerforelle und Bachforelle, werden durch Besatzmaßnahmen gestützt (DEHUS 1982).

Wirbellose

Der Flußkrebs wurde noch in vielen Gewässern des Kreises nachgewiesen. Er ist Indikator für stehende und fließende Gewässer, deren naturbelassene Ufer zahlreiche Versteckmöglichkeiten aufweisen. Über die Bestandsentwicklung bestehen unterschiedliche Aussagen. Festzustellen ist jedoch, daß er nach Gewässerausbau verschwindet (DEHUS 1983).

Eine umfangreiche und flächendeckende Bearbeitung liegt innerhalb der Wirbellosen nur noch für die Schwebfliegen vor (CLAUSSEN 1980). Für den gesamten Landesteil Schleswig konnten 191 Arten nachgewiesen werden. Der größte Teil dieser Schwebfliegenarten kommt in Laubwäldern oder verwandten Biotopen, wie Knicks, Gärten und Parks, vor. Stark vertreten sind weiterhin Uferarten und eurytope Arten. Nur wenige zeigen eine Bindung an Hochmoor, Heide, Trockenrasen und die Küste. Zwei Schwebfliegenarten wurden im Kreisgebiet neu für die Bundesrepublik beschrieben (CLAUSSEN 1980).

Für die große Zahl der sonstigen Wirbellosen liegen nur wenige Daten vor. Aus neuerer Zeit kann noch auf die Bearbeitung der Rüsselkäfer- und Blattkäferfauna des Idstedter Moores nördlich Schleswig verwiesen werden (TISCHLER 1985).

Für die Fauna des Kreises Schleswig-Flensburg sind allgemein der Küstenbereich, vor allem die Gebiete Oehe-Schleimünde, Halbinsel Holnis und Geltinger Birk, die Schlei mit ihren Randbereichen Selker-, Haddebyer Noor und Reesholm, die Eider-Treene-Sorge-Niederung und der Oberlauf der Treene mit Bollingstedter Au von herausragender Bedeutung. Dazu kommen noch Wälder und Waldreste, Hochmoor-, Heide- und Trockenrasenreste, Knicks, Kleingewässer und die zahlreichen Abbauflächen. Die landwirtschaftliche Nutzfläche (81 % Flächenanteil) fällt dagegen bei Intensivnutzung als Lebensraum für die einheimische Fauna fast völlig aus. Dies zeigt sich unter anderem am rapiden Rückgang fast aller schutzrelevanten Tierarten. Momentan profitieren nur einige wenige eutrophierungsunempfindliche Ubiquisten sowohl in terrestrischen als auch in limnischen Lebensräumen. Besonders starke Einbußen zeigen Arten nährstoffarmer, naturbelassener Gewässer und ungenutzter Säume sowie räuberische Arten der höheren Konsumentenebene.

3. Auswertung

3.1 Naturraumbezug

Im Kreis Schleswig-Flensburg sind die für Schleswig-Holstein typischen Naturräume Jungmoräne, Geest, Altmoräne und Marsch vertreten, wenn auch mit sehr unterschiedlichen Flächenanteilen (Abb. 8).

Ziemlich genau die Hälfte der Kreisfläche liegt im Bereich der Jungmoräne. Der Naturraum Angeln liegt vollständig im Kreisgebiet, wohingegen Schwansen und die Hüttener Berge nur mit kleinen Flächenanteilen von Südosten in den Kreis hineinreichen (zur Problematik der naturräumlichen Grenzen siehe Kap. 2.1).
Nach Westen schließt sich die im Norden ca. 15 km, im Süden ca. 7 km breite Schleswiger Vorgeest an.
Am Westrand des Kreises erheben sich bei Süderhackstedt/Groß Jörl und westlich Silberstedt die östlichsten Teile der Bredstedt-Husumer-Geest (Altmoräne, Hohe Geest).
Markanter sind die Geestinseln von Stapelholm und Erfde inmitten der Eider-Treene-Sorge-Niederung, die im Südwesten des Kreises den Übergang zur Marsch und der nur noch wenige Kilometer entfernt gelegenen Nordsee darstellt.
In der Tabelle 2 sind die im Kreis Schleswig-Flensburg vorkommenden Naturräume und ihre prozentualen Flächenanteile an der Kreisfläche sowie ihre im Kreis liegenden Flächenanteile aufgelistet.
Die Tabelle macht deutlich, daß im Rahmen dieser Auswertung lediglich der Naturraum Angeln abschließend beurteilt werden kann. Darüber hinaus kann sowohl die Schleswiger Vorgeest als auch die Eider-Treene-Sorge-Niederung (letztere v.a. weil alle naturraumtypischen Teilräume durch die Biotopkartierung Schleswig-Flensburg erfaßt sind) ausreichend beurteilt werden.

Alle Aussagen zur Bredstedt-Husumer-Geest und zu Schwansen können nur mit starken Einschränkungen getroffen werden, während der Naturraum Hüttener Berge in diesem Rahmen praktisch gar nicht sinnvoll beurteilt werden kann.

Abb. 8: Naturräumliche Gliederung des Kreises Schleswig-Flensburg

Tabelle 2: Naturraumanteile im Kreis Schleswig-Flensburg

Name des Naturraumes	Anteil des Kreisgebietes an der Naturraumfläche (%)	Anteil des Naturraums an der Kreisfläche (% und ha)	
Bredstedt-Husumer-Geest	9,2	2,1	4330
Eider-Treene-Sorge-Niederung	37,3	10,1	20860
Schleswiger Vorgeest	65,7	34,6	71650
Angeln	100,0	48,9	101370
Schwansen	11,1	3,8	7930
Hüttener Berge		0,5	1040
		100,0	207180

.2 Datenüberblick

Tabelle 3 gibt einen Überblick über die Anzahl und die Flächengrößen der erfaßten Biotope in absoluten Zahlen und in ihrer prozentualen Verteilung innerhalb der einzelnen Naturräume im Kreisgebiet.

Nach § 11 LPflegG sind Eingriffe in Moore, Sümpfe, Brüche, Heiden, Dünen und Trockenrasen nicht gestattet. Solche Flächen genießen deshalb einen direkten Gesetzesschutz. Von den 1 912 erfaßten Biotopen unterliegen 1 341 (1 148 naß, 193 trocken) diesem Schutz; das bedeutet 70,4 % der erfaßten Gesamtzahl (siehe Tabelle 4). Im benachbarten Kreis Rendsburg-Eckernförde (RD) liegen die Werte bei 65,1 % der Biotopanzahl und 63 % der Fläche.

Die Durchschnittsgröße der erfaßten Biotopfläche (siehe Tabelle 5) liegt bei 7,13 ha (im Kreis RD 8,1 ha). Dabei fällt auf, daß in Schleswig-Flensburg bei den Naßbiotopen die Durchschnittsfläche mit 3,84 ha um mehr als das zweifache geringer ist als in Rendsburg-Eckernförde (§ 11 naß = 8 ha im Durchschnitt). Etwa 10 % aller erfaßten Flächen, mit einer Durchschnittsgröße von ca. 3 ha, zählen zu den Heiden, Dünen und Trockenrasen im Sinne des § 11 LPflegG, bei einem Kreisflächenanteil von 0,28 % (in RD durchschnittlich 5,2 ha und 0,13 % Kreisflächenanteil).

Tabelle 3: Anzahl und Flächen der erfaßten Biotope

Naturraum	Anzahl	%	ha	%
Bredstedt-Husumer Geest	23	1,2	345	2,5
Eider-Treene-Niederung	269	14,1	2 441	17,9
Schleswiger Vorgeest	282	14,7	1 981	14,5
Angeln	1 263	66,1	8 354	61,3
Schwansen	64	3,3	464	3,4
Hüttener Berge	11	0,6	58	0,4
Kreis	1 912	100,0	13 643	100,0

Tabelle 4: Anteil der Moore, Sümpfe und Brüche (§ 11-naß) sowie der Heiden, Dünen und Trockenrasen (§ 11-trocken) an den erfaßten Biotopen

Naturraum	Anzahl		%		ha		%	
	naß	trocken	naß	trocken	naß	trocken	naß	trocken
Bredstedt-Husumer-Geest	15	1	0,8	0,1	69	1	0,5	0,0
Eider-Treene-Niederung	229	12	12,0	0,6	1426	41	10,5	0,3
Schleswiger Vorgeest	179	78	9,4	4,1	1007	200	7,4	1,5
Angeln	682	92	35,7	4,8	1732	346	12,7	2,5
Schwansen	34	9	1,8	0,5	122	9	0,9	0,1
Hüttener Berge	9	1	0,5	0,1	54	1	0,4	0,0
Kreise	1148	193	60,2	10,2	4410	598	32,4	4,4

Tabelle 5: Vergleich der nach § 11 geschützten Flächen mit allen erfaßten Biotopen

	Biotop-anzahl	Durchschnitts-größe in ha	% der Kreis-fläche	
Kreis	1912	7,13	6,59	% der Bio-topanzahl
Moore etc. (§ 11-naß)	1148	3,84	2,13	60,01
Heiden etc. (§ 11-trocken)	193	3,09	0,29	10,09

3.3 Mittlere Biotopabstandsflächen, durchschnittliche Flächengrößen

Mit der mittleren Biotopabstandsfläche (Abb. 9) wird versucht, anschaulich den Versorgungsgrad eines Naturraumes mit ökologisch hochwertigen Flächen (d.s. Biotope) darzustellen. Hierbei wird von einer gleichmäßigen Verteilung der Biotope ausgegangen.

Der in Abb. 9 angegebene Wert gibt die mittlere Fläche in ha zwischen jeweils zwei benachbarten Biotopen an. Für spezielle Fragestellungen müßte die Abstandsfläche z.B. für bestimmte Biotoptypen ermittelt werden, Kleinstrukturen wie z.B. Knicks, Kleingewässer/Tümpel (nur in wenigen Fällen mit Erfassungsbogen ins Biotopkataster aufgenommen) und unterhalb der Kartierungsgrenze liegende flächenhafte Lebensräume (z.B. EW-Wälder und EG-Grünländereien) müßten berücksichtigt werden. Dennoch charakterisiert die mittlere Biotopabstandsfläche für eine allgemeine landschaftsökologische, naturschutzorientierte Betrachtung die verschiedenen Naturräume. Generell ist zu sagen, daß der Versorgungsgrad einer Landschaft umso größter ist, je kleiner die Biotopabstandsfläche ist.

Im Kreis Schleswig-Flensburg ragen die Naturräume Angeln und Eider-Treene-Sorge-Niederung mit Werten von 74 bzw. 68 ha heraus, wobei die Art der Ausstattung sehr unterschiedlich ist (siehe folgende Kapitel). Im Fall der Eider-Treene-Sorge-Niederung ist allerdings der Wert, bezogen auf den Gesamtnaturraum, zu positiv. So liegt der Wert für den im Kreis Rendsburg-Eckernförde gelegenen Teil bei 118 ha. Doch selbst unter diesem Vorbehalt müssen diese beiden Naturräume im landesweiten Vergleich (zumindest soweit die Biotopkartierung bereits gelaufen ist) als überdurchschnittlich mit Biotopen ausgestattet gelten.

Als sehr schlecht ausgestattet muß die Schleswiger Vorgeest mit einem Wert von 247 ha angesehen werden. Mit diesem Wert schneidet der Schleswig-Flensburger Teil ganz erheblich schlechter ab als der im Kreis Rendsburg-Eckernförde gelegene Teil dieses Naturraumes mit einer mittleren Biotopabstandsfläche von 155 ha.

In der durchschnittlichen Biotopgröße (Abb. 10) spiegelt sich die unterschiedliche Ausstattung der o.g. Naturräume in gleicher Weise, wenn auch nicht so gravierend, wider.

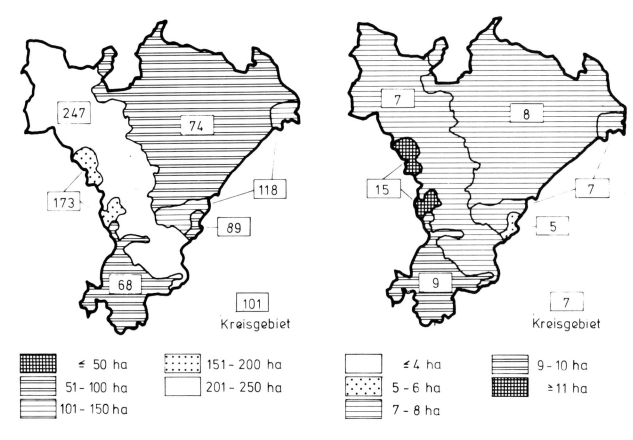

Abb. 9: Mittlere Größe der Biotop-Abstandsflächen

Abb. 10: Mittlere Biotopgröße

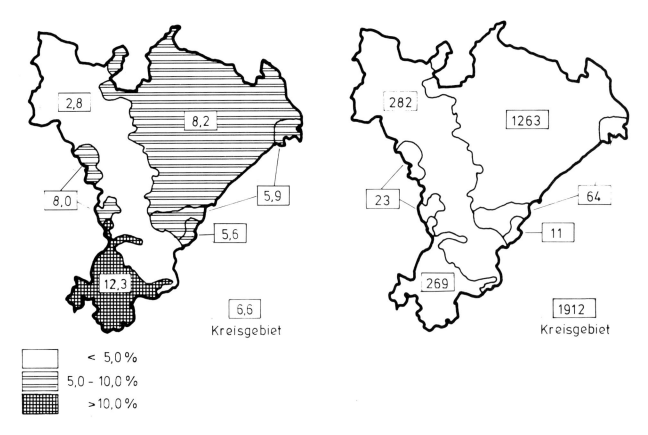

Abb. 11: Prozentualer Anteil der Biotopfläche

Abb. 12: Anzahl der erfaßten Biotope

Die im Durchschnitt größten Biotope liegen - mit 9 ha - im bestausgestatteten Naturraum, der Eider-Treene-Sorge-Niederung. In der Geest liegt der Durchschnittswert bei 7 ha; Angeln liegt mit 8 ha dazwischen. Die für die Schleswiger Vorgeest im Verhältnis zur Biotopabstandsfläche unerwartet hohe mittlere Biotopgröße von 7 ha erklärt sich durch einige wenige, aber sehr große Biotope, v.a. den Biotopkomplex der Treene/Bollingstedter Au, der allein etwa 25 Prozent der Gesamtbiotopfläche des Naturraumes ausmacht.

Der im Kreis Schleswig-Flensburg liegende Teil der Bredstedt-Husumer-Geest ist zu klein, als daß man den hohen Mittelwert von 15 ha sinnvoll bewerten kann.

3.4 Biotopflächenanteil an den Naturräumen; Anteil der Moore, Sümpfe, Brüche und Heiden, Dünen, Trockenrasen

Der in Prozent angegebene Anteil der Biotopfläche an der Naturraumfläche bzw. an der Kreisfläche (Abb. 11) ermöglicht einen Verlgeich mit anderen Flächenkategorien, wie z.B. Waldanteil, überbaute Fläche.

Durch die Biotopkartierung sind 6,6 Prozent der Kreisfläche als Biotop erfaßt worden. Dieser Anteil ist in den Naturräumen sehr ungleich verteilt (vgl. auch Abb. 12).

Die Jungmoräne insgesamt liegt mit ihrem Biotopflächenanteil etwa bei, speziell Angeln deutlich über diesem Kreismittelwert.

Gravierend höher ist der Flächenanteil in der Eider-Treene-Sorge-Niederung (12,3 %), weit unter dem Kreisdurchschnitt liegt mit 2,8 % der Wert für die Schleswiger Vorgeest.

Der Anteil der Moore, Sümpfe und Brüche liegt bei ziemlich genau 2 % der Kreisfläche. In Angeln liegt dieser Wert bei 1,7 %, in der Schleswiger Vorgeest bei nur 1,2 %. Weit überdurchschnittlich hoch ist der Anteil der Moore, Sümpfe und Brüche mit 6,8 % in der Eider-Treene-Sorge-Niederung.

Betrachtet man nur die Biotopfläche, bestätigt sich die Sonderstellung dieses Naturraumes. Fast 85 % aller Biotope sind ganz oder teilweise Moore, Sümpfe oder Brüche und machen 56 % der Gesamtbiotopfläche der Eider-Treene-Sorge-Niederung aus. In Angeln hin-

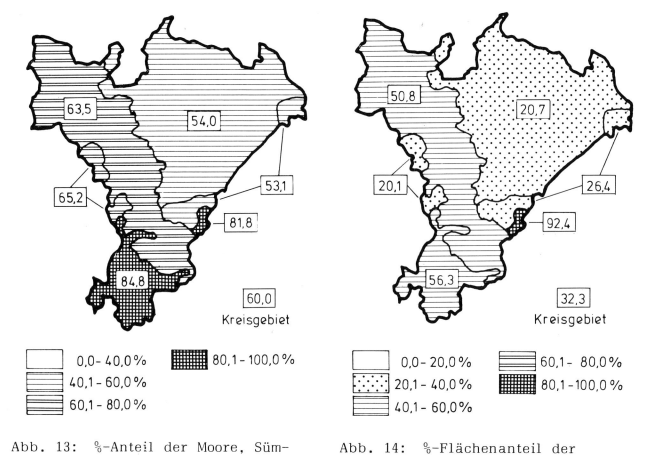

Abb. 13: %-Anteil der Moore, Sümpfe und Brüche an der Gesamtzahl der Biotope

Abb. 14: %-Flächenanteil der Moore, Sümpfe und Brüche an der Gesamtbiotopfläche

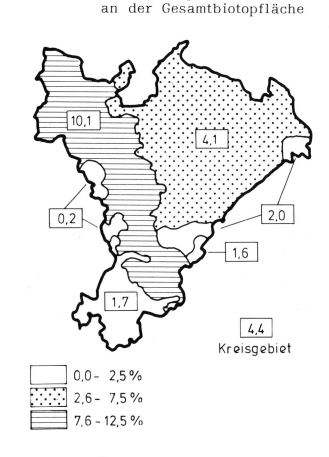

Abb. 15: %-Anteil der Heiden, Dünen und Trockenrasen an der Gesamtzahl der Biotope

Abb. 16: %-Flächenanteil der Heiden, Dünen und Trockenrasen zu der Gesamtbiotopfläche

gegen machen Moore, Sümpfe und Brüche lediglich 21 % der Biotopfläche aus (siehe Abb. 13 und 14). Diese Zahlen und die unterschiedliche Verteilung der Biotoptypen (Eider-Treene-Sorge-Niederung vor allem "Hochmoor"-Biotope; Angeln hohe Anteile an Bruchwald und Niedermoor) verdeutlichen die sehr unterschiedlichen naturräumlichen Voraussetzungen.

Insgesamt haben die Heiden, Dünen und Trockenrasen nur einen sehr niedrigen Flächenanteil an den Naturräumen bzw. am Kreisgebiet. In den Abb. 15 und 16 ist ihr Anteil an der Biotopanzahl und der Biotopfläche dargestellt. Dabei überragt die Schleswiger Vorgeest deutlich alle anderen Naturräume. Praktisch jeder vierte Biotop zählt hier ganz oder teilweise zu den Heiden, Dünen oder Trockenrasen; ihr Flächenanteil an der Biotopfläche liegt bei 10 %. Naturräumlich bedingt am schlechtesten mit Trockenflächen ausgestattet ist die Eider-Treene-Sorge-Niederung (4,5 % der Biotope mit 1,7 % Flächenanteil), wobei sich hier die Heiden, Dünen und Trockenrasen auf den Bereich Stapelholm, also auf die Geestinsel, konzentrieren.

3.5 Anteil naturschutzwürdiger Flächen

Die Abb. 17 und 19 zeigen den Anteil der Biotope an der Naturraum- bzw. Kreisfläche, die als schutzwürdig im Sinne des § 16 LPflegG erfaßt wurden, d.h. entweder in bestehenden Naturschutzgebieten liegen oder für eine Ausweisung als Naturschutzgebiet vom Landesamt für Naturschutz und Landschaftspflege vorgeschlagen werden. In einigen wenigen Fällen ist die bestehende NSG-Fläche nicht vollständig durch erfaßte Biotope abgedeckt, wie z.B. beim Jardelunder Moor, was sich auf die gesamte Flächenbilanz allerdings so unwesentlich auswirkt, daß dies in der Gesamtbetrachtung vernachlässigt werden kann.

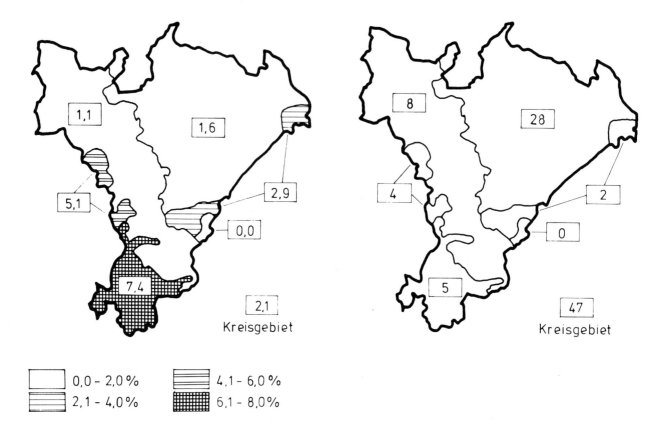

Abb. 17: %-Flächenanteil der NSG-würdigen Biotope an den Naturraumflächen, ohne NSG-Bestand!

Abb. 18: Anzahl der vorgeschlagenen Naturschutzgebiete

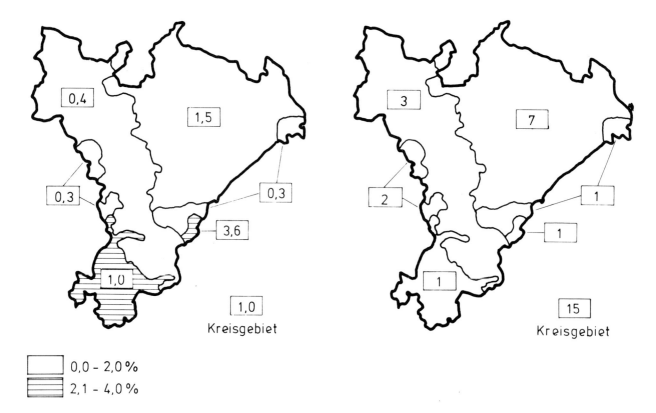

Abb. 19: %-Flächenanteil der bestehenden Naturschutzgebiete an den Naturraumflächen

Abb. 20: Anzahl der bestehenden Naturschutzgebiete

Insgesamt sind danach ca. 3 % der Kreisfläche NSG-würdig: hier ragt die Eider-Treene-Sorge-Niederung heraus, die durch z.Zt. 1,0 % NSG-Fläche zuzüglich 7,4 % neu vorgeschlagener NSG-Fläche mit großem Abstand zu den anderen Naturräumen höchstwertige Biotopsubstanz aufweist.
Etwa durchschnittlich hoch ist der Flächenanteil in Angeln, wo aufgrund der Biotopkartierung eine Verdoppelung der NSG-Fläche vorgeschlagen wird. Relativ schlecht mit NSG-würdiger Biotopsubstanz ist die Schleswiger Vorgeest ausgestattet, denn zu den weit unter dem Kreisdurchschnitt liegenden 0,4 % NSG-Bestand kommen lediglich 1,1 % an Vorschlagsfläche hinzu, so daß gerade die Hälfte des Durchschnittswertes für den Kreis erreicht wird.

Die Betrachtung der absoluten Anzahl vorgeschlagener und bestehender Schutzgebiete (Abb. 18 und 20) differenziert das Bild noch weiter. Hier ist Angeln "Spitzenreiter" mit sowohl 28 von 47 vorgeschlagenen als auch mit 7 von 15 bestehenden Naturschutzgebieten. Bezogen auf die Fläche ist damit aber gerade der Kreisdurchschnitt erreicht (siehe oben). Hingegen erreicht die Eider-Treene-Sorge-Niederung mit insgesamt 6 Gebieten die fast dreifache Fläche des Kreisdurchschnitts. In bio-ökologischer Hinsicht besonders wertvoll sind deshalb diese großflächigen Niederungs-Schutzgebiete, auch wenn im Sinne des Biotopverbundes kleinen Trittsteinen in der Landschaft ein wesentlicher Stellenwert zukommt. In diesem Sinne sind auch die insgesamt 11 Gebiete kleinflächiger Struktur in der Vorgeest zu würdigen.

Somit spiegeln Schutzgebietszahlen und ihre jeweiligen Flächengrößen die unterschiedlichen Landschaftscharaktere im Kreisgebiet deutlich wider - von großräumigen, einheitlichen in der Niederung bis hin zu kleinräumigen, vielfältig und stark strukturierten in der Jungmoräne. Dies zeigt gleichfalls Tabelle 6.

Tabelle 6:   Verteilung der naturschutzwürdigen Biotope auf die Naturräume

Naturraum	Anzahl	%	ha	%
Bredstedt-Husumer-Geest	3	1,1	220	5,0
Eider-Treene-Niederung	94	33,9	1546	35,3
Schleswiger Vorgeest	31	11,2	813	18,5
Angeln	145	52,4	1575	35,9
Schwansen	4	1,4	233	5,3
Hüttener Berge	-	-	-	-
Kreis	277	100,0	4387	100,0

3.6 Kreisvergleich

Der Kreis Schleswig-Flensburg steht mit einer Anzahl von 1912 erfaßten Biotopen und einem Biotop-Flächenanteil von 6,59 % an der Spitze der bisher bearbeiteten Kreisgebiete, gefolgt von Rendsburg-Eckerförde (Kartierung 1980/81) mit 1414 Biotopen bzw. 5,23 % Biotop-Flächenanteil und dem Kreis Herzogtum Lauenburg (Kartierung 1981/82) mit 1140 Biotopen bzw. 5,54 % Biotop-Flächenanteil (siehe Tabelle 7). Beim Anteil der nach § 11 LPflegG geschützten Moore, Sümpfe und Brüche an der Gesamtzahl der erfaßten Biotope liegt der Kreis Schleswig-Flensburg mit 59,9 % an zweiter Stelle hinter dem Kreis Rendsburg-Eckernförde (61,34 %), der landesweit die meisten Moore besitzt. Die im Kreisvergleich relativ niedrige Durchschnittsgröße dieser pauschal geschützten Bereiche von nur 3,8 ha weist darauf hin, daß es sich bei dieser Gruppe um viele, aber im allgemeinen doch recht kleine Lebensraumreste handelt, die in einer intensiv genutzten bäuerlichen Landschaft verstreut liegen. Mit der Anzahl von 47 vorgeschlagenen Naturschutzgebieten, die sich aus 277 Teilbiotopen zusammensetzen, liegt der Kreis an dritter Stelle hinter dem Kreis Rendsburg-Eckernförde (50 Gebietsvorschläge, 109 Teilbiotope) und dem Kreis Herzogtum Lauenburg (81 Vorschläge, 135 Teilbiotope).

Allerdings stellt sich dies ganz anders dar, wenn man die Flächenanteile der bestehenden und vorgeschlagenen Naturschutzgebiete vergleicht. Im Kreis Herzogtum Lauenburg z.B. waren 1982 lediglich 0.09 % der Kreisfläche als Naturschutzgebiet ausgewiesen, und 1,6 % wurden für eine Ausweisung als Naturschutzgebiet vorgeschlagen (MEHL et al. 1986a). Im Kreis Schleswig-Flensburg sind z.Zt. 1,0 % der Kreisfläche bestehende NSG, und 2,1 % werden zusätzlich vorgeschlagen. Der im Vergleich mit anderen Kreisen hohe Biotopanteil im Kreis Schleswig-Flensburg ist regional sehr unterschiedlich verteilt (siehe Abb. 11). So liegt z.B. der Flächenanteil im Naturraum Angeln bei 8,2 %, was sich für den Bereich der Jungmoräne im großen und ganzen auch in den übrigen Kreisen fortsetzt. Für die Vorgeest gilt landesweit ebenfalls ein etwa gleich hoher Biotopflächenanteil - allerdings mit deutlich niedrigeren Werten: Schleswiger Vorgeest 2,8 %, Holsteinische Vorgeest im Bereich des Kreises Segeberg 3,3 % und im Bereich des Kreises Rendsburg-Eckernförde 4,1 % (MEHL et al. 1986b). Hier wird ein Süd-Nord-Gefälle deutlich, was sich mit der intensiven Landschaftsveränderung im Rahmen des "Programm Nord" erklären lassen dürfte. Im Landesvergleich besonders reichhaltig strukturierte Regionen ziehen sich entlang der Ostseeküste von Glücksburg bis Gelting und darüber hinaus. Hier ist ein Landschaftsinventar vorhanden und weiter entwicklungsfähig, das im Ostseeraum des Landes in dieser Reichhaltigkeit seinesgleichen sucht (siehe Kapitel 4.7).

Bei diesem einfachen Kreisvergleich kommt allerdings nicht zur Geltung, daß sich die typische Ost-West-Abfolge der Haupt-Naturräume des gesamten Landes in der Regel auch in den Kreisgebieten wiederfindet. So muß eine regionalisierte, naturraumbezogene Betrachtung erfolgen, wie sie für den Kreis Schleswig-Flensburg zu Anfang dieses Kapitels dargestellt wird. Die notwendige Darstellung der angetroffenen Regionalität ist Ziel einer landesweiten Auswertung der Biotopkartierung nach Beendigung des ersten Durchganges.

Tabelle 7: Vergleich der im Rahmen der Biotopkartierung bisher bearbeiteten Kreise

Kreis \ Biotope gesamt	Anzahl	Durch- schn. Größe in ha	% der Kreis- fläche	NSG-Vor- schlag (Einzel- biotope)
Dithmarschen	324	8,9	2,09	12
Steinburg	263	4,6	1,16	10
Plön	1.078	4,5	4,45	72
Pinneberg	382	6,8	3,93	35
Hzgt. Lauenburg	1.140	6,1	5,54	135
Rendsburg-Eckernförde	1.415	8,1	5,23	109
Stormarn	493	7,9	5,09	110
Segeberg	795	8,5	5,02	91
Schleswig-Flensburg	1.912	7,1	6,59	277

Kreis \ Moore, Sümpfe, Brüche	Anzahl	Durch- schnitt. Größe in ha	% der Kreis- Fläche	% der Biotop- anzahl
Dithmarschen	138	12,8	1,27	42,59
Steinburg	108	4,4	0,45	41,06
Plön	462	3,0	1,28	42,86
Pinneberg	175	7,5	1,99	45,81
Hzgt. Lauenburg	521	6,9	2,84	45,70
Rendsburg-Eckernförde	868	8,0	3,17	61,34
Stormarn	256	5,4	1,81	51,93
Segeberg	364	6,1	1,66	45,79
Schleswig-Flensburg	1.146	3,8	2,13	59,90

Hierbei sei angemerkt, daß die Ergebnisse in den zuerst kartierten Kreisen Dithmarschen und Steinburg einer Ergänzung nach dem inzwischen erreichten Kartierungsstandard bedürfen.

Erste Analysen für den hier behandelten Kreis werden im nachfolgenden Kapitel vorgestellt. Die Angaben beziehen sich vor allem auf die Biotopcharakteristik als Basis für zukünftige Entwicklungsziele, wie sie im Kapitel 6 formuliert sind.

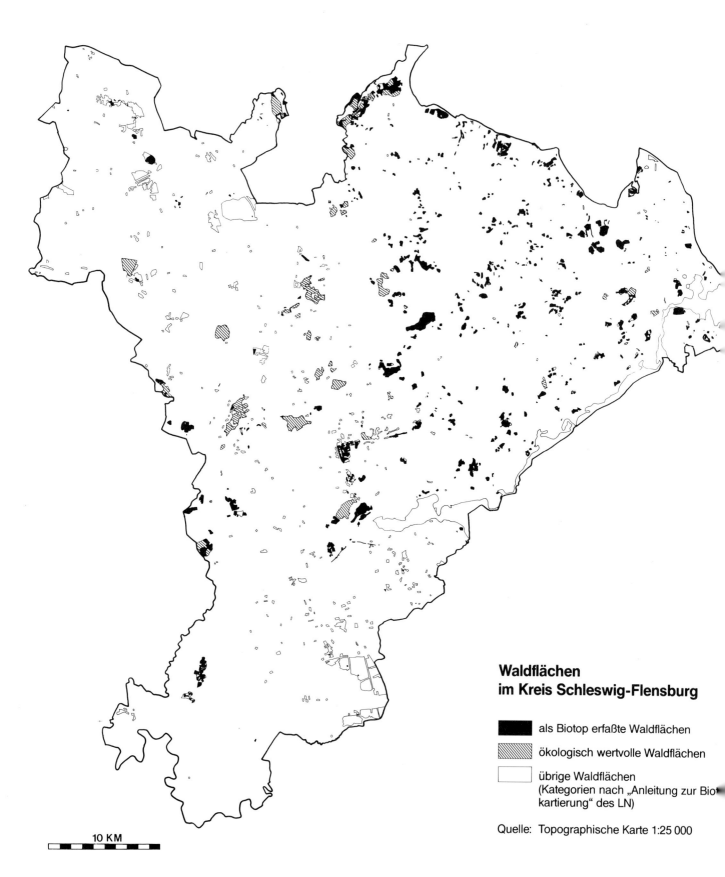

Abb. 21: Waldflächen im Kreis Schleswig-Flensburg und ihre Erfassung im Rahmen der Biotopkartierung

4. Zur Situation der Biotope

Im vorherigen Kapitel ist in erster Linie die Gesamtausstattung des Kreisgebietes mit Biotopen und deren Verteilung in den Naturräumen beschrieben worden. Dabei ist immer wieder die naturräumlich bedingte unterschiedliche Charakteristik bestimmter Landschaften deutlich geworden (siehe auch Kap. 2.1).

Um den Zustand dieser Landschaften beurteilen zu können, müssen zunächst die sie prägenden Landschaftselemente herausgearbeitet und analysiert werden. Deshalb wird in den folgenden Kapiteln die Situation der für den Kreis Schleswig-Flensburg typischen Biotope dargestellt.

Diese Erkenntnisse sind eine wesentliche Grundlage für die Begründung von Schutzgebietsvorschlägen (Kapitel 5) und fließen in die Formulierung von Entwicklungszielen ein (Kapitel 6).

4.1 Wälder

Laut "Auswahl statistischer Daten für die Kreise Schleswig-Holsteins" (Minister für Ernährung, Landwirtschaft und Forsten 1988) liegen im Kreis Schleswig-Flensburg insgesamt 10868 ha Forstfläche. Diese nehmen 5,2 % der Kreisfläche ein. Hiervon sind im Rahmen der Biotopkartierung in 855 Biotopen 4913 ha als Biotop im Sinne der Biotopkartierungsanleitung erfaßt worden.
Bei einem Viertel der Forstfläche handelt es sich um mehr oder weniger zusammenhängende Mischwälder mit hohen Laubholz-, aber auch hohen Nadelholzanteilen, die beim Kartierungsmaßstab 1 : 25 000 nicht gegeneinander abgrenzbar waren und deshalb als sogenannte "naturnahe Wälder" kartiert wurden (EW). Bei den restlichen Forstflächen handelt es sich um mehr oder weniger reine Nadelholzbestände.
Diese Verteilung, aber vor allem die naturräumlich bedingt sehr unterschiedliche Verbreitung der Wälder, verdeutlichen die Abbildungen 21 und 22.

Das insgesamt stark kuppige Angeln mit Böden guter Ertragszahlen weist eine sehr hohe Zahl an Waldflächen auf, die auch zum größten Teil als Biotop erfaßt sind. Auffällig ist der Übergangsbereich zur Geest, das sogenannte "Luus-Angeln" mit seinen weniger guten Böden. Hier liegen mehrere große Waldgebiete mit hohem Nadelholzanteil. Angeln weist 83,5 % aller im Kreis Schleswig-Flensburg erfaßten Wald-Biotope auf. Dies gilt sowohl für die Anzahl als auch für die Fläche dieser Biotope.

In den erfaßten Walduntereinheiten spiegeln sich die natürlichen Verhältnisse in gleicher Weise wider. Auf den guten, d.h. basen- und nährstoffreichen, Böden des Hügellandes dominieren mesophile Buchenwälder unterschiedlicher Ausprägung mit fließenden Übergängen zu den Feuchtwäldern bzw. mit häufigem Kontakt zu ihnen. Insbesondere im Westen auf basenarmen und weniger nährstoffreichen Böden ist der bodensaure Buchenwald in unterschiedlich deutlicher Ausbildung vertreten. Auf eine nähere vegetationskundliche Betrachtung wird verzichtet, da bereits im Kapitel 2.2 die floristischen Verhältnisse der Wälder angesprochen worden sind.

Die Verzahnung verschiedener Walduntereinheiten wird dadurch deutlich, daß in Angeln 714 Waldbiotope erfaßt wurden mit 1146 Nennungen von Walduntereinheiten, wobei eine Walduntereinheit

Abb. 22: Verteilung erfaßter Waldbiotope in den Naturräumen

a = prozentualer Flächenanteil des Biotops an der Gesamtnaturraumfläche (bzw. Kreisfläche in der letzten Abbildungszeile)

b = durchschnittliche Flächengröße der erfaßten Biotope

c = Anzahl der Nennungen des jeweiligen Biotoptyps

d = Anzahl der Biotope mit Nennungen aus der jeweiligen Biotoptypengruppe

e = Flächenverteilung innerhalb einer Biotoptypengruppe nach bio-ökologischen Wertstufen (1 = gut, 2 = durchschnittlich, 3 = schlecht)

WM = Wald, mesophil   WB = Bruchwald
WL = Wald, bodensauer   WQ = Eichenkratt
WE = Stauden-Eschen-Mischwald   WN = sonstige Niederwälder

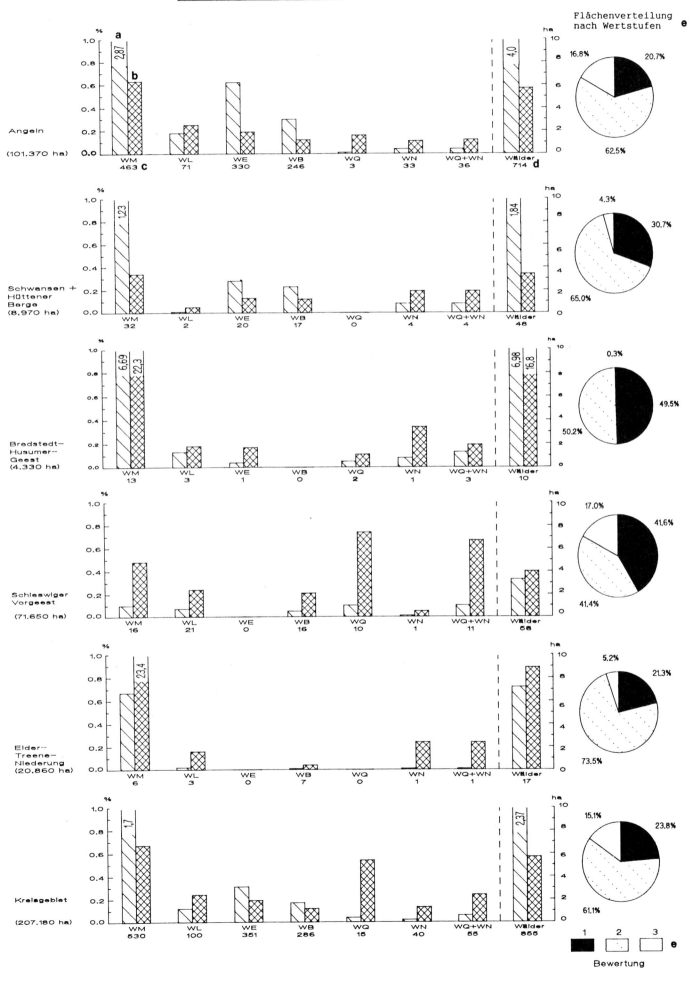

mehrere Waldgesellschaften beinhalten kann. Eine Besonderheit Angelns sind einige wenige Kalkbuchenwälder vor allem im Bereich der Steilküste (siehe hierzu Kap. 4.7). Die teilweise nicht ganz scharfen Grenzen zur Schleswiger Vorgeest dokumentieren sich im Auftreten einiger Eichenkratts im nordwestlichen Randbereich von Angeln.

Die Schleswiger Vorgeest weist zwar einen relativ hohen Waldflächenanteil auf, aber der Großteil besteht aus reinen Nadelholzforsten bzw. Nadel-Laubholz-Mischbeständen. Die meisten erfaßten Waldflächen sind sehr klein. Die wenigen größeren Wälder treiben nicht nur die Durchschnittsgröße in die Höhe, sie sind in der Regel auch sehr gut bewertet worden. Typisch für die Vorgeest sind natürlicherweise bodensaure Waldtypen, die etwa 55 % der erfaßten Wälder ausmachen. Hierin enthalten sind zehn Eichenkratts am Westrand des natürlichen Waldgebietes, auf bodensaurem Substrat stockende landschaftstypische Niederwälder, die aufgrund der durch die menschliche Nutzung entstandenen Strukturen ein besonderes Bestandsklima besitzen, das wiederum die Entwicklung einer besonderen Krattvegetation mit wärme- und lichtbedürftigen Arten zur Folge hatte. Wegen dieser Besonderheiten ist die Bewertung typisch ausgeprägter Bestände überdurchschnittlich hoch. Allein drei der zehn erfaßten Kratts sind für eine Ausweisung als NSG bzw. ND vorgeschlagen worden. Der relativ hohe Anteil mesophilen Buchenwaldes - immerhin ein Drittel der Waldbiotope - täuscht, da diese Wälder gehäuft entlang des Treene-/Bollingstedterau-Talraumes liegen. Hinzu kommt vor allem bei den kleinen Waldflächen, daß auch auf den ursprünglichen Standorten bodensaurer Waldtypen durch Nährstoffeintrag von außen das Pflanzenarteninventar sehr schnell in den zum mesophilen Buchenwaldkomplex gehörenden Bereich verschoben wird. Hier bedarf es noch genauerer Vegetationsanalysen, die zu einem späteren Zeitpunkt, z.B. in Naturraummonographien, erfolgen sollen.

In der ansonsten praktisch waldfreien Eider-Treene-Sorge-Niederung konzentrieren sich die wenigen erfaßten Waldflächen auf den nördlichen Teil von Stapelholm.

Auf den Höhen der von Westen in das Kreisgebiet ragenden Bredstedt-Husumer-Geest liegen einige große gut strukturierte Wälder,

Abb. 23: Beweideter Eichenwald südöstlich Oeversee

Abb. 24: Unbeweidetes Eichenkratt südlich Böxlund
(NSG-Vorschlag Nr. 1)

von denen 5 als NSG-würdig (inklusive bestehendem NSG "Pobüller Bauernholz") eingestuft worden sind.

Interessant ist noch die Verteilung der erfaßten Wälder nach Größenklassen und deren Flächensummen, wobei die Verhältnisse in Angeln praktisch mit denen im gesamten Kreisgebiet gleichzusetzen sind.
Etwa 80 % (entsprechend 688 Flächen) der erfaßten Wälder sind kleiner als 5 ha, nur knapp 3 % (entsprechend 28 Flächen) sind größer als 25 ha; d.h. es gibt nur wenige Waldflächen in Schleswig-Flensburg, in denen z.Z. die Möglichkeit besteht, naturnahe oder sogar natürliche Waldökosysteme zu untersuchen (die hierfür notwendige Minimalfläche ist sicher von Waldtyp zu Waldtyp unterschiedlich hoch anzusetzen; die hier genannten 25 ha liegen aber am unteren Ende der diskutierten Minimalareale). Andererseits nehmen diese 28 Waldflächen ein Drittel der erfaßten Waldbiotopfläche ein, wohingegen die 688 bis zu 5 ha großen Waldungen nur ein Viertel dieser Gesamtfläche ausmachen. Die Ergebnisse der Biotopkartierung belegen eindrucksvoll eine enge Korrelation zwischen Waldgröße und ökologischer Wertigkeit. Für den Kreis Schleswig-Flensburg werden 15 Gebiete, die ausschließlich oder größtenteils Wald sind, für eine Ausweisung als Naturschutzgebiet vorgeschlagen. Diese 15 Gebiete sind insgesamt 855 ha groß, d.h. im Durchschnitt 57 ha. Nur 5 sind kleiner als 25 ha, 9 hingegen meist deutlich größer als 50 ha. Im Vergleich zu allen anderen bisher kartierten Kreisen liegt Schleswig-Flensburg damit deutlich an der Spitze, allenfalls vergleichbar ist die Situation im Kreis Segeberg (GEMPERLEIN & PETERSEN 1987).
Die besondere Bedeutung des Biotoptyps Wald für den Kreis Schleswig-Flensburg wird eindrucksvoll beschrieben durch folgende Zahlen: 45 % der Waldfläche ist als Biotop erfaßt worden, und über 8 % der Waldfläche ist für eine Ausweisung als Wald-Naturschutzgebiet vorgeschlagen worden.

4.2 Knicks

Vorbemerkung:

Knicks werden wegen ihrer großen Anzahl im Rahmen der Biotopkartierung nur selten direkt als Biotop erfaßt. Es müssen Besonderheiten vorliegen, wie z.B. die Zusammensetzung des Walles aus Steinriegeln. Doppelknicks ("Redder") werden als spezielle Signatur in das Biotopkataster aufgenommen. Trotzdem ist es für die landschaftsökologische Beurteilung notwendig, eine Charakterisierung der unterschiedlichen Naturräume über die Auswertung von Topographischen Karten vorzunehmen.

Knicks sind eigenständige, landschaftsprägende und -strukturierende Elemente der schleswig-holsteinischen Kulturlandschaft. Sie beherbergen eine charakteristische artenreiche Pflanzen- und Tierwelt, wirken durch ihre große biologische Vielfalt räumlich weit in ihre Umgebung hinein und beeinflussen den Landschaftshaushalt nachhaltig positiv. Diese besondere landschaftsökologische Bedeutung wird durch den Schutz von Knicks nach § 11 LPflegG unterstrichen.

Abb. 25: Knick bei Winderatt

Vor der umfangreichen Agrarreform des 18. und 19. Jahrhunderts bestand eine vielgestaltige Acker-, Weide- und Wiesenflur, die locker von Krattwäldern und Gebüschen durchsetzt war. Nachdem zwischen 1766 und 1770 durch die sogenannten Verkoppelungsverordnungen die Feldgemeinschaften und der Flurzwang aufgehoben worden waren, wurden die Dorffluren und die Gemeindewiesen vermessen. Jeder Bauer erhielt seinen eigenen Grund und Boden zugewiesen, den er ausdrücklich mit "lebendem Pathwerk" einzukoppeln hatte (Landesamt für Naturschutz und Landschaftspflege 1988).

Die Besonderheit für einige Bereiche des Kreises Schleswig-Flensburg liegt darin, daß diese Art der Verkoppelung schon über 100 Jahre früher begonnen wurde, was sich heute noch z.B. an der Verteilung der Knicks im Bereich des Gutes Rundhof charakteristisch ablesen läßt. "In Angeln begann man schon früh einzusehen, daß die kommunal betriebene Landwirtschaft jede Betriebsänderung und eine Produktionssteigerung unmöglich machte" (DETLEFSEN 1979). DETLEFSEN schreibt dazu weiter in seinem "Angelnbuch":"Daher hatte man schon zu Beginn des 17. Jahrhunderts angefangen, in Übereinstimmung mit der Egerschop einige Flurstücke zu privatisieren und einzukoppeln. Aber das verbot ein königliches Mandat, und der Flensburger Amtmann wandte sich 1637 in scharfen Worten dagegen; es hieß, die Heerstraßen würden dadurch verdorben und die Reisenden aufgehalten.... Gleich nach dem Dreißigjährigen Kriege fing man damit wieder an, und zwar waren es die Pastoren, die nach Vorbild der Gutswirtschaften ihre Pastoratsländereien einkoppelten .... Um 1750 begannen ganze Dorfschaften damit, wie z.B. 1750 Sörup, 1754 Böel und Thumby.... Leider befolgten die Bauern in Angeln bei weitem nicht in dem Maße wie die in Dänemark den Rat der Verordnung, dabei auch die Flurstücke der einzelnen Bauern möglichst zusammenzulegen oder die Gebäude in die Feldmark zu verlegen, so daß jeder Bauer inmitten seines Grundeigentums zu wohnen kam. In Angeln wollte jeder Bauer von jedem gutem Feld etwas haben und mußte daher auch von schlechteren Marken etwas nehmen. So erhielten sie viele und in der Gemarkung verstreute Koppeln, um die alte und neue Wege herumführten".

Aufgrund des so beschriebenen Sachverhalts erscheint der Naturraum Angeln auch heute noch in seiner Knickstruktur anders als alle anderen Naturräume des Landes. Beim Vergleich zweier typischer Landschaftsausschnitte von je einem Quadratkilometer aus dem Bereich der Schleswiger Vorgeest und Angeln wird dies deutlich (Abb. 26).

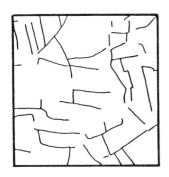
Angeln
1985, 83 m/ha

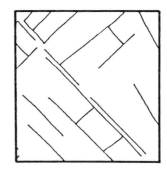
Schleswiger
Vorgeest 1985,
65 m/ha

Abb. 26: Vergleich repräsentativer Ausschnitte aus der Knickstruktur der Naturräume Angeln und Schleswiger Vorgeest

Die unregelmäßige Knickstruktur Angelns spiegelt sowohl die besondere Geschichte der Verkoppelung als auch die Topographie im Bereich der Jungmoräne wider. Es ist verständlich, daß aus der Sicht der Agrarstruktur gerade hier die Notwendigkeit zur Flurbereinigung groß erschien.

Zur Untersuchung der Gebiete gleicher Knickdichte wurde die erste Preußische Landaufnahme von 1880 mit den aktuellen Topographischen Karten verglichen. Dabei zeigt sich im Bereich von Angeln ein immenser Knickverlust (siehe Abb. 27). Beim Vergleich der Regionen gleicher Knickdichte fällt dieser Verlust besonders stark auf (siehe Abb. 28). Noch 1957 wird eine Knickdichte von 100 bis über 120 lfm/ha für Angeln angegeben (vgl. Abb. 28). Gerade für diese Gebiete aber erfolgte damals die planerische Vorgabe zur Verringerung der Knickdichte (Deutscher Planungsatlas 1960; siehe auch Abb. 29). Die Analyse ergab stellenweise aber auch eine Knickzunahme im Vergleich zu 1880 im Bereich der Vorgeest. Windschutz war immer eine Notwendigkeit in den Gebieten mit den leichten Böden der Geest und der Altmoräne (siehe Abb. 34).

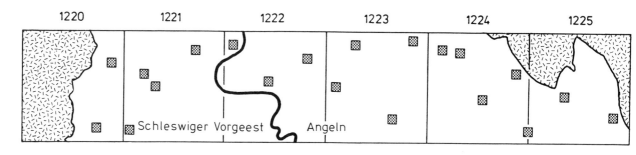
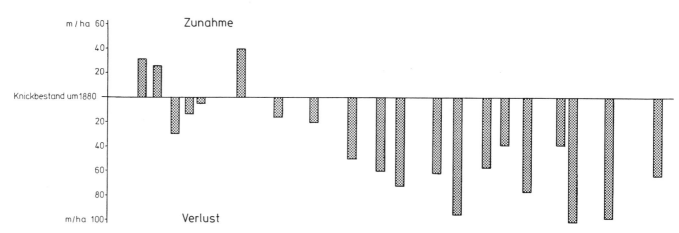

Abb. 27: Darstellung der Änderung der Knickdichte seit 1880 auf repräsentativen 1 km²-Rasterflächen entlang eines Ost-West-Transsektes durch den Kreis

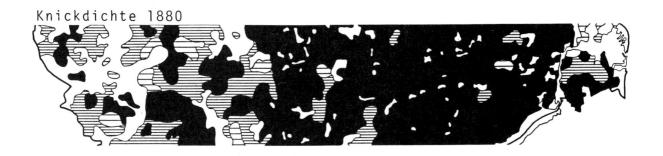
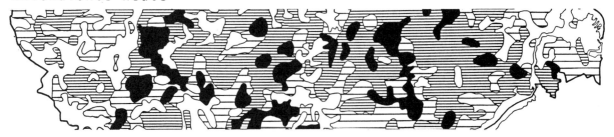
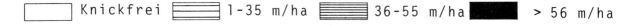

Abb. 28: Vergleich der Gebiete gleicher Knickdichte auf einem Kreisausschnitt von 1880 und heute (siehe auch Abb. 29)

Der graphische Vergleich der Knickdichten auf der Basis von Kartenauswertungen, wie er hier vorgenommen wurde, läßt keine Aussage über deren aktuelle ökologische Situation zu. Zu einem großen Teil trifft man auf der Vorgeest lediglich gehölzfreie Knickwälle, Fichtenknicks oder Neupflanzungen mit wenigen Gehölzarten aus der Zeit des "Programm Nord". Im Gegensatz dazu stehen die vielen artenreichen und "bunten" Knicks des Naturraumes Angeln. Besonders herausragend in seiner landschaftlichen Geschlossenheit stellt sich die Knickdichte und -struktur der Erfder Geest im Süden des Kreises dar: Hier trifft man bis zu 100 lfm/ha Knick an. Es bleibt abzuwarten, wie sich die Situation nach Abschluß der derzeit laufenden Flurbereinigungen darstellt.

Insgesamt wird bei der Betrachtung der Knicks deutlich, daß trotz der bisher vorliegenden großen Zahl an Veröffentlichungen (z.B. EIGNER 1978) ein umfassendes Knickkataster auf ökologischer Basis erforderlich erscheint, nicht zuletzt um auch den Anforderungen des Knickschutzes nach § 11 LPflegG besser gerecht werden zu können.

4.3 Moore, Sümpfe

Weite Teile des heutigen Schleswig-Holstein waren noch bis zum Jahr 1880 von großen feuchten Niederungsflächen und Mooren (Niederungs- und Hochmoore) bedeckt: RUNDE (1880) bilanzierte noch ca. 45000 ha, was einem Anteil an der Landesfläche von etwa 3 % entsprach. Innere Kolonisation (seit 1760) und Urbarmachung (Entwässerungs- und Kultivierungsgenossenschaften zu Anfang dieses Jahrhunderts) haben sich hier "tiefgreifend" ausgewirkt. Heute existieren nur noch 5.500 ha - das sind 0,35 % der Landesfläche - mehr oder weniger intakte Moorflächen (Landesregierung 1986). Beispielhaft für die sogenannte Ödlandkultivierung seit 1913 sei auf die Darstellung von STRAUCH (1982) für das Wanderuper/Jannebyer Moor verwiesen. Eine beeindruckende Dokumentation zum Flächenverlust im Seelandmoor in den vergangenen 100 Jahren liefert

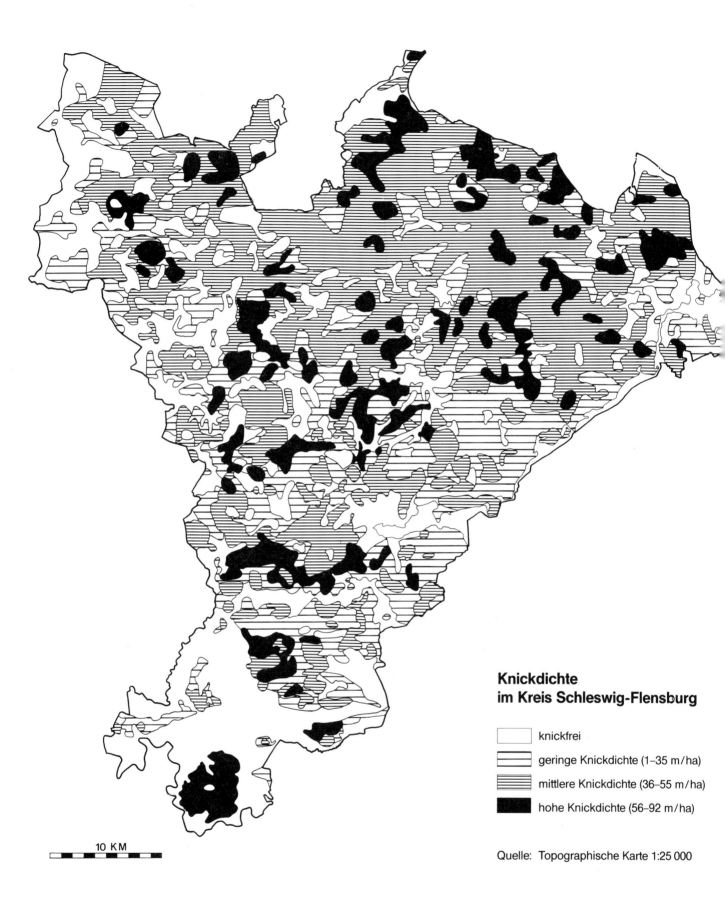

Abb. 29: Gebiete gleicher Knickdichte im Kreis Schleswig-Flensburg um 1980

HEINTZE (1983). Die gleiche Bilanz läßt sich auch aus dem Vergleich der Topographischen Karten von 1880 und 1980 ziehen (siehe Abb. 33).

Moore, Sümpfe und Brüche unterliegen gemäß § 11 LPflegG von Schleswig-Holstein grundsätzlich einem strengen Schutz. Die verschiedenen Formen dieser Naßbiotope sind in einer Definition des Landesamtes für Naturschutz und Landschaftspflege beschrieben, die durch Erlaß des zuständigen Ministers ausdrücklich als allgemeingültige Grundlage festgestellt worden ist. Von den insgesamt im Kreis Schleswig-Flensburg kartierten 1912 Biotopen sind 1259 als Moore im weitesten Sinne kodiert worden. Dies entspricht 65 % aller Biotope bzw. 31,9 % der insgesamt erfaßten Biotopfläche oder 2,1 % der gesamten Kreisfläche (vgl. Tab. 3, Abb. 30 und 31). Der überwiegende Teil der Moore, nämlich 82 %, wird von den Niedermooren eingenommen, so daß nur knapp 18 % auf die Hochmoore entfallen.

Die Biotopkartierung behandelt unter dem Begriff **Niedermoore** zum einen Niedermoore und Sümpfe allgemein (GS), zum anderen aber auch die spezielle Verlandungsreihe Röhricht-Großseggenried-Weidengebüsch-Bruchwald (VR, VG, WG, WB; siehe auch Abb. 30).

Bei weitem die höchste Anzahl (625 Nennungen) erfaßter Niedermoore befinden sich im Naturraum Angeln, wobei Röhrichte, Bruchwaldfragmente und Feuchtgebüsche zuteilmäßig dominieren. Die durchschnittliche Flächengröße beträgt hier 2,2 ha. Trotz der Kleinflächigkeit der Biotope kann man aufgrund der insgesamt als sehr gut zu wertenden durchschnittlichen Biotopabstandsfläche von 74 ha (vgl. Abb. 9) auch von einer guten Ausstattung des Naturraumes Angelns mit Niedermooren ausgehen. Offensichtlich konnten sich in Angeln aufgrund seiner erdgeschichtlichen Entwicklung für die Entstehung von Niedermooren besonders günstige Bedingungen herausbilden. Hier sind u.a. die vielen kleinen eiszeitlich entstandenen Hohlformen - oft abflußlose Senken mit Grundwassereinfluß bzw. stauender Nässe - zu nennen.

Der hohe Anteil von Röhricht ergibt sich aus dem Fließ- und Stillgewässerreichtum Angelns, wobei insbesondere auch die Brackwasserröhrichte der Noore, der Schlei und der Ostseeküstenbereiche mit zu berücksichtigen sind.

Dieser Zusammenhang wird auch dann deutlich, wenn die Röhrichte der Naturräume Schwansen und Hüttener Berge einbezogen werden, da diese, wie Angeln, dem Östlichen Hügelland zuzurechnen sind.

Das Niederungsgebiet der Eider und Treene ist trotz aller seit Jahrhunderten durchgeführten Deichbau- und Entwässerungsmaßnahmen immer noch deutlich von Sumpfbiotopen, Röhrichten und Feuchtgebüschen geprägt, die hier, auf die Fläche bezogen, um 2,5 Prozentpunkte höher liegen als in Angeln. Sie haben hier außerdem mit 4 ha durchschnittlicher Flächengröße eine große bioökologische Funktion. Besondere Bedeutung kommt hier dem Umland der Alten Sorge zu.

Die Vorgeest, als zweitgrößter Naturraum im Kreis, steht trotz ihrer - erdgeschichtlich bedingten - Gleichförmigkeit in der Ausstattung mit einzelnen Niedermooranteilen zunächst relativ günstig da. Auch hier konnten sich in (ehemals) abflußlosen Senken über Ortsteinbildung bzw. auch durch teilweise höheren Grundwasserstand Niedermoorformationen entwickeln, zu denen die Röhrichte der

Abb. 30: Verteilung erfaßter Niedermoor-Biotope in den Naturräumen

a = prozentualer Flächenanteil des Biotoptyps an der Gesamtnaturraumfläche (bzw. Kreisfläche in der letzten Abbildungszeile)

b = durchschnittliche Flächengröße der erfaßten Biotope

c = Anzahl der Nennungen des jeweiligen Biotoptyps

d = Anzahl der Biotope mit Nennungen aus der jeweiligen Biotoptypengruppe

e = Flächenverteilung innerhalb einer Biotoptypengruppe nach bio-ökologischen Wertstufen (1 = gut, 2 = durchschnittlich, 3 = schlecht)

GS = Niedermoor, Sumpf   WG = Feuchtgebüsch
VR = Röhricht   WB = Bruchwald
VG = Großseggenried

- 71 -

Erfaßte Biotope der Typengruppe NIEDERMOOR

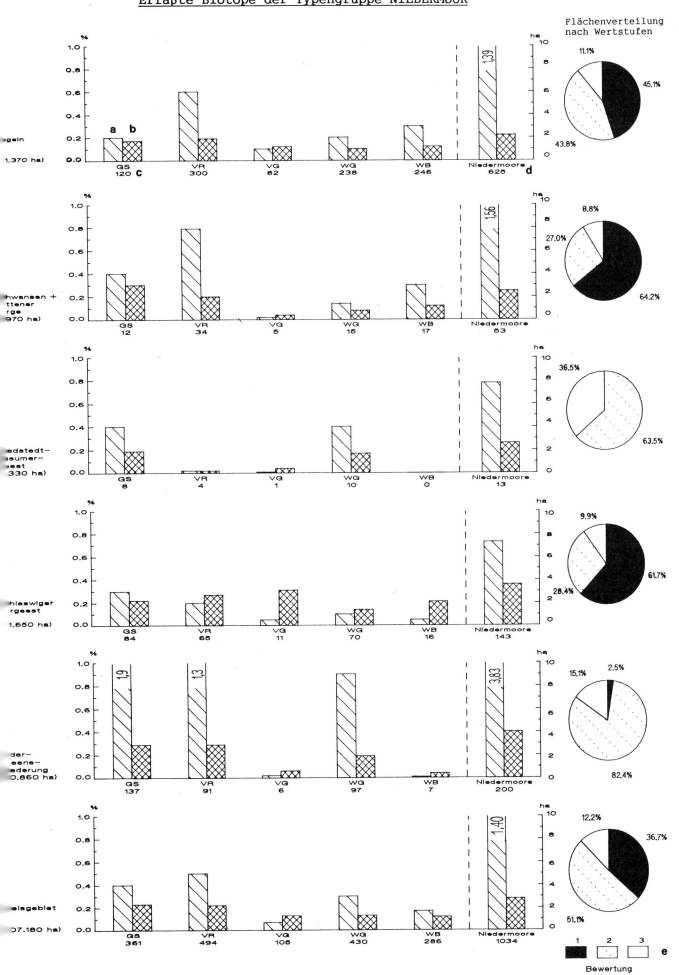

Flußläufe, insbesondere im Einzugsbereich der Treene, hinzutreten. Allerdings zeigen nicht nur die hohen - und damit ungünstigen - Biotopabstandsflächen (s.Abb. 9), sondern auch der geringe Anteil der Niedermoore an der Gesamtfläche von 0,7 %, daß die Schleswiger Vorgeest insgesamt (genauso wie die Bredstedt-Husumer-Geest) gering mit Niedermoorbiotopen ausgestattet ist. Die relativ hohe Durchschnittsgröße der Biotope (3,6 ha) zeigt ebenfalls, wie wenig gleichmäßig diese in der Fläche verteilt sind.

Interessant ist ein Vergleich der Flächenverteilung der Niedermoore nach Bewertungsziffern in den drei größten Naturräumen (siehe Abb. 30):

Im gesamten Kreisgebiet sind 1034 Biotope mit Niedermoor erfaßt worden. Davon sind 193 Biotope, in denen 36,7 % (das entspricht einer Fläche von 1034 ha) der Niedermoorfläche liegen, mit "1" (das entspricht einem guten ökologischen Zustand) bewertet worden. In Angeln liegen 45,1 % der Niedermoorfläche in mit "1" bewerteten Biotopen. Dies sind 634 ha, verteilt auf 147 Biotope (von insgesamt 625 Biotopen mit Niedermoor in Angeln). In der Vorgeest hat zwar 61,7 % der Niedermoorfläche die Bewertung "1" erhalten, aber diese konzentriert sich mit 322 ha in lediglich 20 Biotopen. Die Eider-Treene-Sorge-Niederung weist den mit großem Abstand höchsten Niedermoorflächenanteil auf, aber mit "1" bewertete Flächen stellen die absolute Ausnahme dar (13 von 200 Flächen mit nur 2,5 % der Niedermoorfläche). Hier dominieren mit 82,4 % der Niedermoorfläche die durchschnittlich ("2") bewerteten Biotope. Das entspricht einer Fläche von 658 ha, die sich auf 140 Biotope verteilt. Absolut gesehen bedeutet das, daß in Angeln etwa die gleiche Anzahl von Niedermoorflächen mit "1" bewertet werden konnten, wie in der Eider-Treene-Sorge-Niederung solche mit der Bewertung "2" (hier fehlen mit "1" bewertete Flächen fast ganz).

Bei der Betrachtung der **Hochmoore** des Kreises fällt auf (s. Abb. 32), daß die Stadien ungestörter Entwicklung, wie Schwingrasen/Übergangsmoor (MS) und typische Hochmoore (baumfrei, aufgewölbt etc., MH) rein zahlen- und flächenmäßig in allen Naturräumen fast keine Rolle spielen. Torfstiche in Regeneration (MT)

Abb. 31: Großsolter Moor

als naturnächste Formation werden zwar in allen Naturräumen benannt, erreichen aber nur in Angeln, auf der Schleswiger Vorgeest und in der Eider-Treene-Sorge-Niederung zahlen- und flächenmäßig nennenswerte Größen. Stärker noch als die Torfstiche sind Heidekrautstadien (MZ) und Pfeifengrasbestände (MM) Ausdruck von menschlichen Eingriffen, hier insbesondere Entwässerung in Hochmooren. Hier liegt in den drei o.g. Naturräumen auch eindeutig der Schwerpunkt der Moordegradierung, in Angeln treten noch erwähnenswerte Flächen des Moorbirkenstadiums hinzu - als Endpunkt dieser "Entwicklung".

Von der Gesamtbilanz des Hochmoor-Inventars schneidet die Eider-Treene-Sorge-Niederung am günstigsten ab, da hier die höchsten Werte erzielt wurden, was Anzahl der Hochmoore, Gesamtfläche, Prozentanteil und Flächendurchschnitt betrifft. Allerdings sind nur ein Viertel der Flächen mit Prädikat "1" bewertet, dagegen knapp drei Viertel mit Prädikat "2" bewertet worden. Die größten hier noch anzutreffenden, aber insgesamt stark parzellierten Hochmoore sind Tetenhusener-, Thielener-, Colsrok- und Südermoor, die teilweise über Niedermoore gewachsen sind und letzte Beispiele der erdgeschichtlichen Prägung dieser wasserbeeinflußten Niederungslandschaft darstellen.

In der Schleswiger Vorgeest konnten sich in abflußlosen Senken, begünstigt durch hohe Niederschläge am Rand des östlichen Hügellandes zahlreiche Hochmoore entwickeln, deren Reste zusammen noch ca. 478 ha ausmachen, sich aber mit 0,7 % Flächenanteil an der Gesamtfläche der Vorgeest fast verlieren. Die durchschnittliche Flächengröße von 6,3 ha entspricht etwa dem Kreisdurchschnitt aller Hochmoore. Die Tatsache, daß etwa die Hälfte aller Hochmoore bzw. 63,4 % ihrer Gesamtfläche nur mit "2" bewertet worden sind, zeigt allerdings auch hier deutlich den verändernden Einfluß des Menschen. Als größte und landschaftsprägende Hochmoore seien hier Jardelunder-, Seeland- und Bollingstedter Moor genannt, die zusammen mit 274 ha über die Hälfte der Moorflächen des Naturraumes ausmachen.

Abb. 32: Verteilung erfaßter Hochmoor-Biotope in den Naturräumen

a = prozentualer Flächenanteil des Biotoptyps an der Gesamtnaturraumfläche (bzw. Kreisfläche in der letzten Abbildungszeile)

b = durchschnittliche Flächengröße der erfaßten Biotope

c = Anzahl der Nennungen des jeweiligen Biotoptyps

d = Anzahl der Biotope mit Nennungen aus der jeweiligen Biotoptypengruppe

e = Flächenverteilung innerhalb einer Biotoptypengruppe nach bio-ökologischen Wertstufen (1 = gut, 2 = durchschnittlich, 3 = schlecht)

MS = Übergangsmoor, Schwingrasen

MH = Hochmoor, natürlich baumfrei

MT = Hochmoor, Torfstichgebiet mit Regeneration

MM = Hochmoor, Pfeifengras-Stadium

MZ = Hochmoor, Zwergsträucherstadium

MB = Hochmoor, Birkenstadium

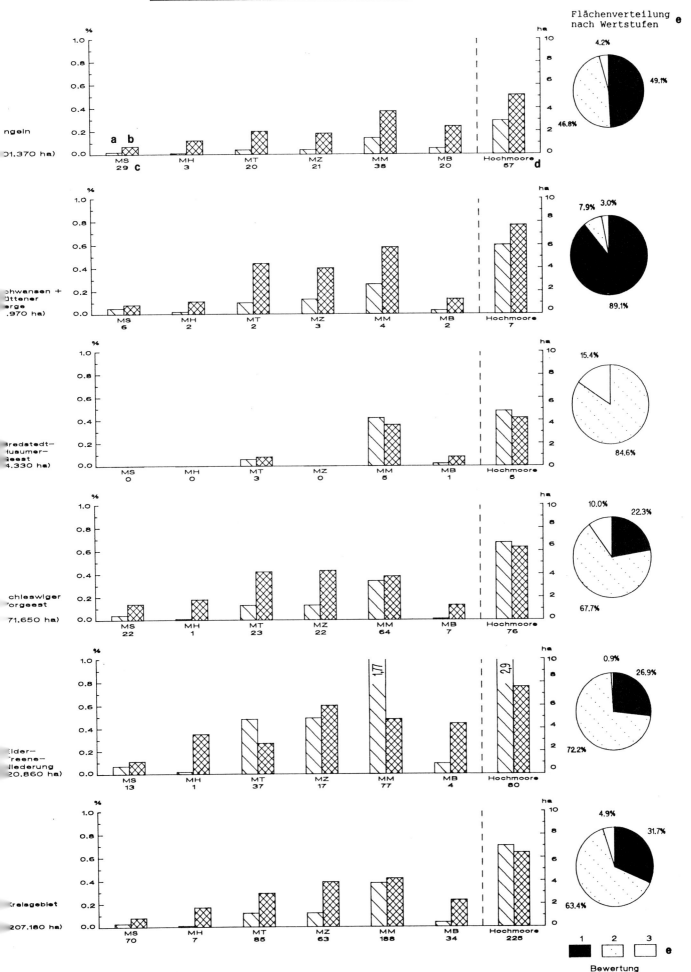

Lediglich im Naturraum Angeln sind noch nennenswerte Hochmoorbiotope vorhanden. Von der Gesamtfläche von 209 ha entfallen aber allein schon auf Hecht- und Satrupholmer Moor 99,3 ha, die andere Hälfte der Fläche verteilt sich auf 55 Biotope, deren durchschnittliche Größe deshalb auch nur noch 2 ha beträgt. Zwar ist fast die Hälfte aller Hochmoorflächen mit dem Prädikat "1" bewertet. Mit einem Anteil von nur knapp 0,3 % an der Naturraumfläche nehmen die Hochmoore insgesamt aber nur einen geringer Anteil am Naturhaushalt ein.

Eine Ausnahme bildet noch das Esprehmer Moor im Naturraum Hüttener Berge, da es hier als singuläre Erscheinung gilt und mit knapp 38 ha bereits 72 % der gesamten Hochmoorfläche dieses Naturraumes einnimmt.

Im gesamten Kreisgebiet ist nur knapp ein Fünftel aller Hochmoorbiotope – mit einem Flächenanteil von 32 % – mit dem Prädikat "1" bewertet worden; auch hierdurch wird der hohe Grad an Naturferne dieses Biotoptyps deutlich.

Die Gesamtbetrachtung aller Moore, Sümpfe, Brüche (alle nach § 11 LPflegG geschützten Naßbiotope; ohne die Quellvegetation (VQ), die beim Thema Fließgewässer berücksichtigt wird) für den Kreis ergibt: 66 % aller kartierten Biotoptypen sind § 11-Naßflächen, die damit 32 % aller aufgenommenen Flächen (in ha) repräsentieren; von diesen Biotopen sind knapp 19 % (oder 35 % der Moorflächen) mit dem Prädikat "1" bewertet worden. Somit stellen sich, bezogen auf den Mooranteil, lediglich 0,74 % der Kreisfläche als im Sinne der Biotopkartierung wertvolle Bereiche dar.

4.4 Heiden, Dünen und Trockenrasen

Heiden, Dünen und Trockenrasen unterliegen gemäß § 11 LPflegG grundsätzlich einem strengen Schutz. Die Erfahrungen aus bereits von der Biotopkartierung erfaßten Kreisen, daß nämlich diese Trockenbiotope nur noch einen sehr geringen Flächenanteil selbst

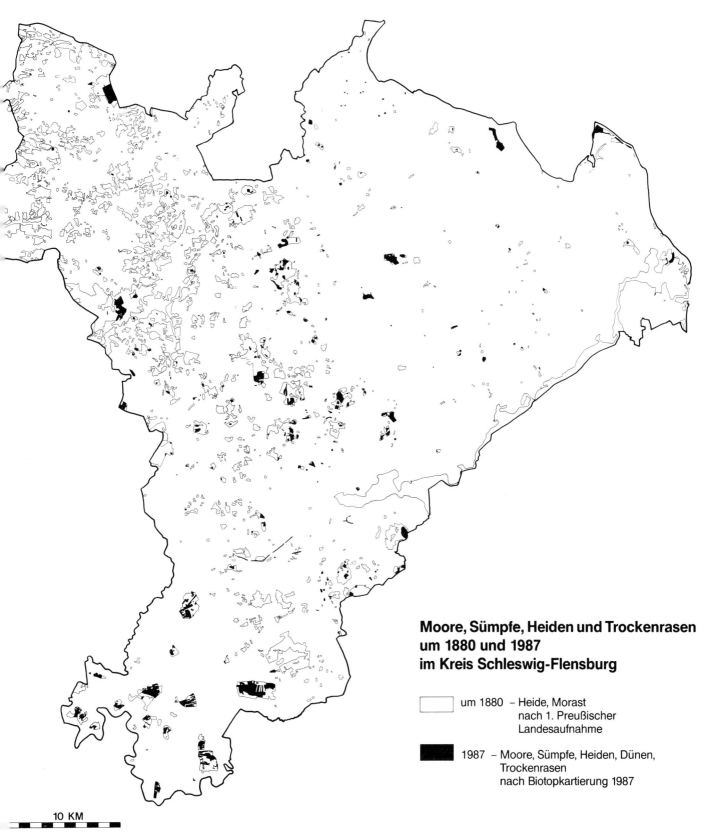

Abb. 33: Gegenüberstellung von Heide- und Moorflächen im Kreis Schleswig-Flensburg aus dem Jahre 1880 (1. Preuß. Landesaufnahme) und 1987 (Biotopkartierung)

in ehemals klassischen Heidegebieten einnehmen (s. Abb. 33), machten die Erfassung selbst kleinster Trockenflächen notwendig. So werden neben den mit Erfassungsbogen beschriebenen Biotopen solche kleinen Flächen (Böschungen, Wegränder, Trockenwälle u.a.) mit einer Kreuzsignatur gekennzeichnet. Treten bestimmte flächenhafte Trockenelemente über größere Flächen gehäuft auf, werden großflächige Trockenbereiche durch Schraffur mit Kennzeichnung ET dargestellt.

Auch für die Trockenbiotope hat das Landesamt für Naturschutz und Landschaftspflege eine Definition erarbeitet, die vom zuständigen Minister durch Erlaß für verbindlich erklärt worden ist.

Das Spektrum dieser Trockenbiotope ist groß, da neben den Heiden (GC) und Trockenrasen (GM) nicht nur Küsten- und Binnendünen mit typischer Vegetation (DB) erfaßt werden, sondern auch z.B. von Nadelholz bestandene, morphologisch meist auffällige Binnendünen (BD), da laut Definition hier die geomorphologische Ausgangssitutation entscheidend ist. Diese Standorte werden seit Beginn der Biotopkartierung Schleswig-Flensburg kontinuierlich erfaßt.

Abb. 34: Verteilung erfaßter Heiden, Dünen und Trockenrasen in den Naturräumen

a = prozentualer Flächenanteil des Biotoptyps an der Gesamtnaturraumfläche (bzw. Kreisfläche in der letzten Abbildungszeile)

b = durchschnittliche Flächengröße der erfaßten Biotope

c = Anzahl der Nennungen des jeweiligen Biotoptyps

d = Anzahl der Biotope mit Nennungen aus der jeweiligen Biotoptypengruppe

e = Flächenverteilung innerhalb einer Biotoptypengruppe nach bio-ökologischen Wertstufen (1 = gut, 2 = durchschnittlich, 3 = schlecht)

DB = Binnendüne mit dünentypischer Vegetation

BD = Flugsanddecken, Dünen (geowissensch. Code)

GM = Magerrasen
GC = Calluna-Heide

Küste = Küsten-Trockenbiotope (s. Text)

- 79 -

Erfaßte Biotope der Typengruppe HEIDEN; DÜNEN; TROCKENRASEN

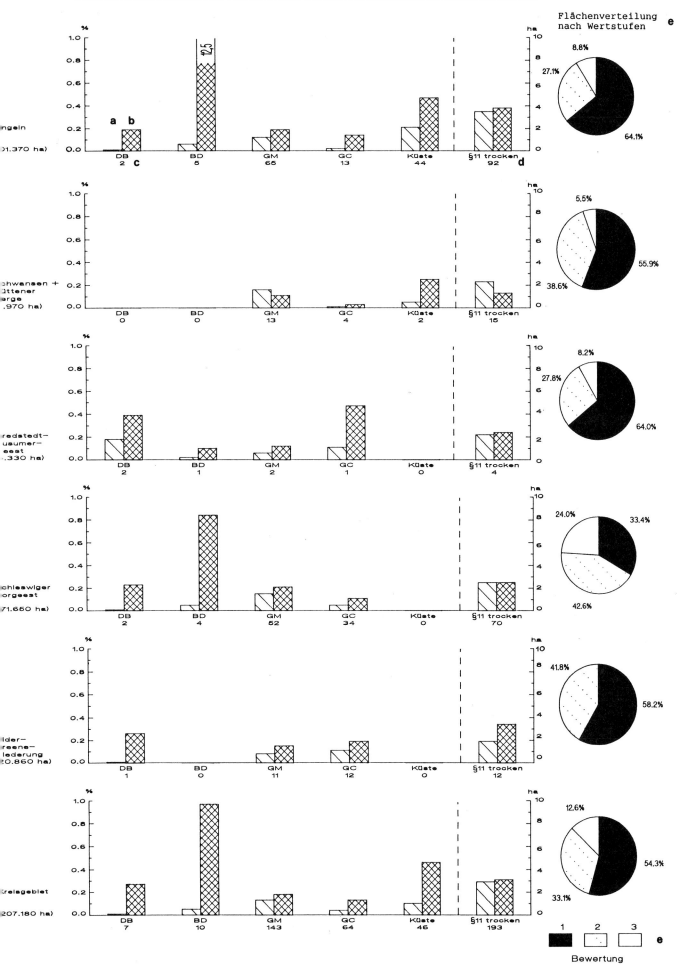

In der Abbildung 34 ist die Verteilung der Trockenbiotope dargestellt. Die Küsten-Trockenbiotope (Küstendüne/Strandwall, Dünen- und Strandwallfluren, Dünenheide/Dünengehölz) sind zusammengefaßt worden. Hierauf wird in Kapitel 4.7 (Küstenbiotope) näher eingegangen.

Ohne die Küstenbiotope vereinheitlicht sich das Verteilungsbild. In allen Naturräumen liegt der Flächenanteil der übrigen Heiden, Dünen und Trockenrasen dann bei ziemlich genau 0,2 %. Lediglich Angeln erreicht nur ca. 0,175 %, und die Schleswiger Vorgeest ist mit etwa 0,25 % relativ zu den anderen Naturräumen noch am besten ausgestattet. Dies zeigt sich auch daran, daß etwa 50 % aller Trockenbiotope (ohne Küste) in der Vorgeest liegen.

Die Verteilung der Trockenbiotope entspricht zwar ziemlich genau dem Verbreitungsbild der erosionsgefährdeten Gebiete (Abb. 35), aber es sind bis auf wenige Ausnahmen, wie z.B. das Dünengebiet am Treßsee, nicht die typischen Heiden oder Trockenrasen, wie sie um 1880 großflächig und selbst um 1955 noch sehr zahlreich vorhanden waren (vgl. Deutscher Planungsatlas). Der Großteil der als Heide und Magerrasen erfaßten Flächen liegt meist kleinflächig verzahnt mit Pioniergesellschaften, Ruderalfluren und Gebüschen in Abgrabungen oder befindet sich auf historischen Objekten, z.B. Danewerk und Haithabu-Wallanlagen.

Die auffälligsten Säulen in der Abbildung 34 sind die der Binnendünen und Flugsanddecken ohne typische Trockenvegetation (BD). Diese Flächen werden meist von Nadelholzbeständen oder intensiv genutztem Wirtschaftsgrünland eingenommen. Der Schutz des geomorphologischen Objektes steht hier also eindeutig im Vordergrund.

Die Bewertungsdiagramme weisen für fast alle Naturräume einen überdurchschnittlich hohen Anteil an sehr gut bewerteten Trockenbiotopflächen auf. Die absoluten Flächen dieser Biotope sind aber extrem unterschiedlich verteilt. Z.B. sind in Angeln 351 ha Trockenbiotope erfaßt worden, in der Bredstedt-Husumer-Geest hingegen nur 9 ha. Bei den ohnehin wenigen erfaßten Flächen kann bereits ein einziger Biotop das Bewertungsbild wesentlich beeinflussen, wie z.B. das NSG "Düne am Rimmelsberg", das mit knapp 7 ha exakt die mit "1" bewertete Trockenbiotopfläche in der Bredstedt-

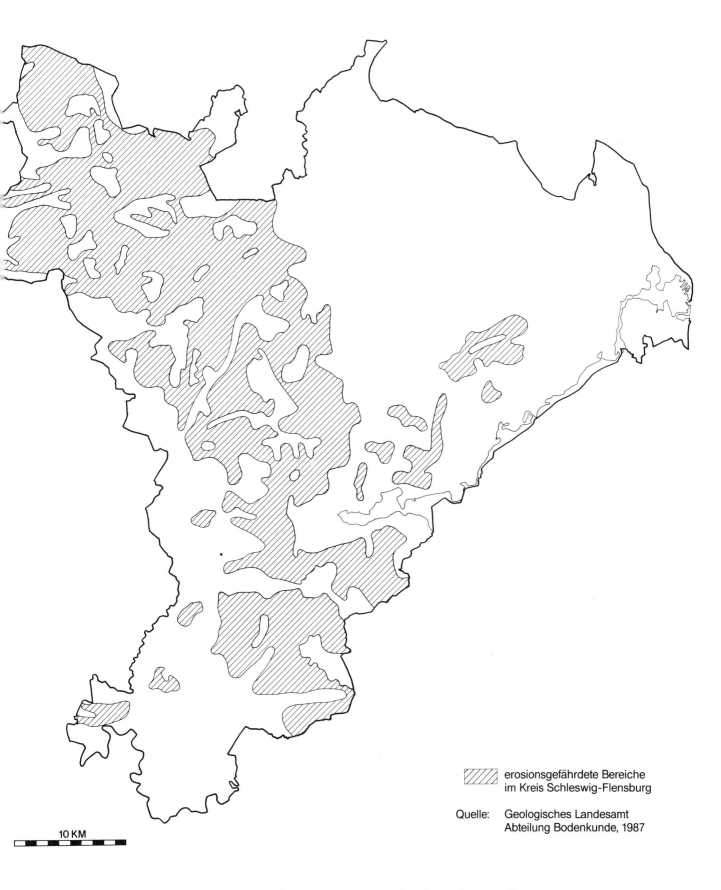

Abb. 35: Erosionsgefährdete Gebiete im Kreis Schleswig-Flensburg

Husumer-Geest darstellt. Dieselbe Fläche ist ein Beispiel dafür, daß die sehr gut bewerteten Biotope oft gleichzeitig bereits als NSG sichergestellt sind (andere Beispiele in Angeln: "Düne am Treßsee", "Geltinger Birk").

Auf der anderen Seite sind Trockenflächen, wenn sie als Biotop erfaßt werden können, in der Regel auch einigermaßen gut ausgebildet (mindestens Bewertung "2"). Die mit "3" bewerteten Trockenbiotope sind fast immer Binnendünen ohne typische Trockenvegetation.

Abb. 36: Magerrasen auf dem NSG "Os bei Süderbrarup"

4.5 Fließgewässer

Schon in früheren Jahrhunderten hat der Mensch das Wasser für seine Zwecke genutzt: Neben den Fischfang als Nahrungserwerb trat das Wasser als Transportweg. Das wohl bekannteste Beispiel aus dem heutigen Kreisgebiet ist die Nutzung der Treene, mit dem Hafen in Hollingstedt - für die Handelsströme zur Wikingerzeit. Zum einfachen Benutzen kam aber auch die aktive Gestaltung von Gewässern: So wurde z. B. um 1200 im Ort Bollingstedt die Au gleichen Namens zu einem Mühlenteich aufgestaut, der heute noch existiert (HAND 1982). Insbesondere die Fließgewässer wurden immer wieder umgestaltet, zur Entwässerung von feuchten Niederungen und Verbesserung der Ertragsfähigkeit der Böden - kurz zur Regelung der "Vorflut". Dadurch wurde teilweise nicht nur der Grundwasserspiegel mit abgesenkt, sondern es traten auch Veränderungen in der Pflanzen- und Tierwelt des Ökosystems Fließgewässer auf. Beispielhaft ist dies für einen typischen Geest-Bach, die "Obere Rodau", beschrieben worden (BRANDT 1983).

Wie sehr sich der Zustand der Fließgewässer im Kreis seit der ersten Landesaufnahme 1880 verändert hat, läßt sich aus Abb. 37 ablesen: Soweit man aus den topographischen Karten ableiten kann, sind hier alle Fließgewässer-"Zustände" von verrohrt bis naturnah dargestellt. Von allen graphisch so aufbereiteten Bächen, die eine Länge von insgesamt 770 km erreichen, konnten nur 230 km (= 30 %) in kleineren und größeren Abschnitten als Biotopflächen im Sinne der Biotopkartierung erfaßt werden (s. Abb. 40).

Quellen/Quellgebiete, mit oder auch ohne eigens kartierte Quellfluren (FQ/VQ), kommen in allen Naturräumen vor, am häufigsten jedoch in Angeln. Hier wirkt sich die kuppig-hängige Topographie der Jungmoräne fördernd auf die Entstehung der Schicht- und Sickerquellen aus, die oft in Waldbiotopen, aber auch isoliert in Grünland, vor allem am Hangfuß der Talräume zu finden sind. Quellfluren (Pflanzengesellschaften auf Torf- und Mineralböden) sind, wie bereits bei den Mooren erwähnt, nach § 11 LPflegG geschützt.

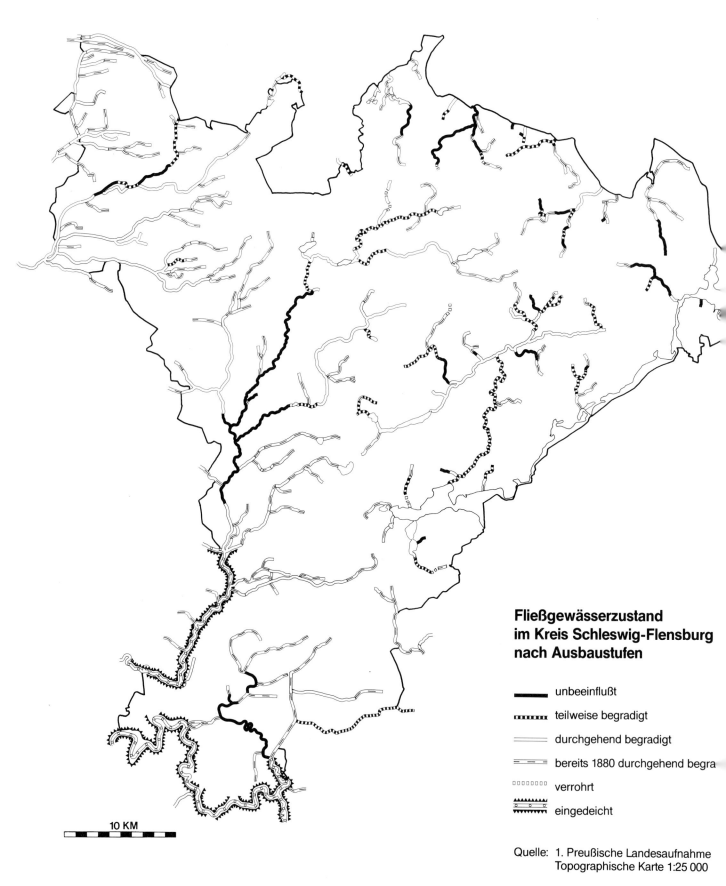

Abb. 37: Entwicklung des Ausbauzustandes der Fließgewässer im Kreis Schleswig-Flensburg seit 1880

Angeln ist der an Fließgewässern reichste Naturraum des Kreises (vgl. Abb. 39) und wird zudem noch durch die Hauptwasserscheide zwischen Nord- und Ostsee geprägt. Diese zieht sich im Verlauf einer nicht einheitlich ausgebildeten Endmoräne von Rüllschau, östlich Flensburg, in südöstliche Richtung bis in die Nähe von Kappeln. Bezeichnend für die zur Ostsee entwässernden Bäche (111 kartierte Abschnitte) ist der hohe Anteil von Bachschluchten (84 Nennungen). Diese sind häufig noch relativ naturnah und mit dichten, feuchten, schluchtwaldartigen Buchen-Eschenbeständen bestockt. Teilweise verlaufen sie in größeren Waldgebieten. Sie sind Ausdruck der hohen Reliefenergie und entstanden nacheiszeitlich, als die Erosionsbasis der Ostsee ca. 25 m tiefer lag als heute. Zu erwähnen sind hier vor allem die Munkbrarup-, Langballig- (beide NSG-Vorschläge) und Lippingau.

Von den Fließgewässern Angelns, die westlich der Hauptwasserscheide entspringen, ist noch die Loiter-/Füsinger Au kartiert worden, die über die Schlei ebenfalls in die Ostsee entwässert. Charakteristisch für dieses Flüßchen sind zunächst engere, kastental-förmige Bereiche im Oberlauf (Loiter Au), die nach einzelnen Verengungen in trog- bis wannenförmige Talungen übergehen, wobei im Unterlauf (Füsinger Au) mit quelligen Bereichen, Schilfröhrichten und Orchideenwiesen mehr ökologisches Potential vorhanden ist als im Oberlauf. Ein knappes Drittel der in Angeln kartierten Bach- und Flußbiotope, das gut 55 % der erfaßten Biotopfläche ausmacht, ist mit Prädikat "1" bewertet worden.

Bei weitem das wichtigste Fließgewässer der Schleswiger Vorgeest ist die Treene, deren Quellarme im mittleren Angeln entspringen, mit den Hauptnebenbächen Jerrisbek und Bollingstedter Au. Die Talräume der Oberen Treene (zwischen Frörup und Eggebek) und der Bollingstedter Au, die beide nacheiszeitlich entstanden sind, werden durch sandige, teilweise abrutschende Hänge und durch die im Talgrund stark mäandrierenden Bachläufe geprägt. Hier kommen, wie auch weiter treeneabwärts (Talraum in der Eiszeit angelegt und später erodiert), vielfältige Vegetationsmuster und Biotoptypen vor - von den fließwassergeprägten Röhrichten, Großseggenrieden und Weidengebüschen bis zu Quellbereichen, Quellmooren am Hangfuß und

Magerrasen an exponierten, trockenen Hangpartien. Insgesamt ergibt sich für die Vorgeest bei einem Viertel der kartieren Fließgewässerbiotope eine Bewertung mit Prädikat "1".

Abb. 38: Bollingstedter Au bei Görrisau

Abb. 39: Verteilung der erfaßten Fließgewässer-Biotope in in den Naturräumen

a = prozentualer Flächenanteil des Biotoptyps an der Gesamtnaturraumfläche (bzw. Kreisfläche in der letzten Abbildungszeile)

b = durchschnittliche Flächengröße der erfaßten Biotope

c = Anzahl der Nennungen des jeweiligen Biotoptyps

d = Anzahl der Biotope mit Nennungen aus der jeweiligen Biotoptypengruppe

e = Flächenverteilung innerhalb einer Biotoptypengruppe nach bio-ökologischen Wertstufen (1 = gut, 2 = durchschnittlich, 3 = schlecht)

FQ = Quellgebiet   FS = Bachschlucht

VQ = Quellflur   FF = Flußlauf

FB = Bachlauf, Graben   FA = Altwasser

- 87 -

Erfaßte Biotope der Typengruppe FLIEßGEWÄSSER

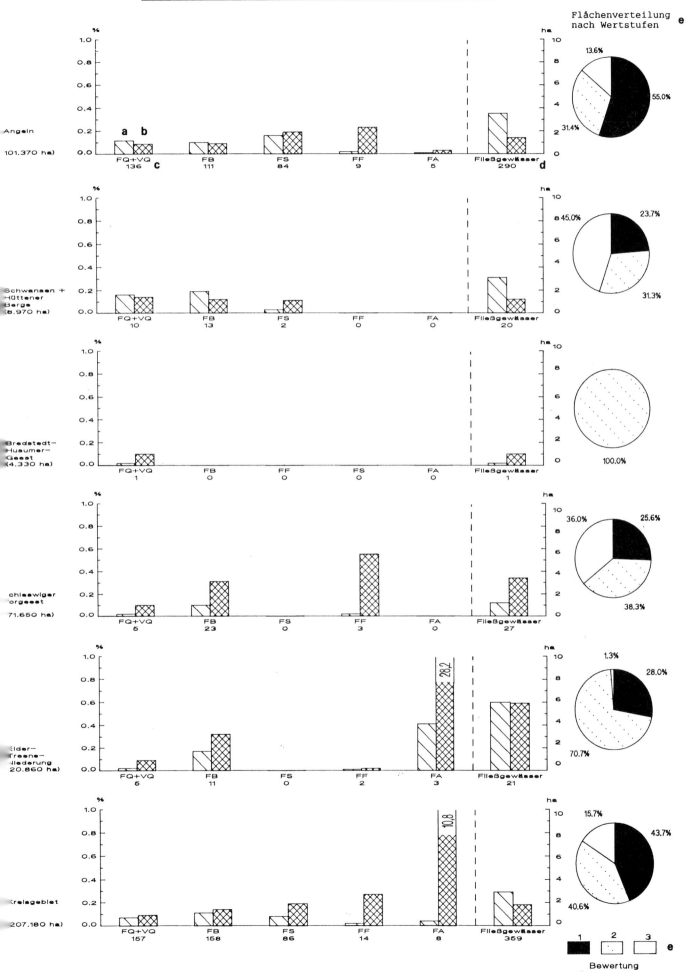

Die Fließgewässersituation in der Eider-Treene-Niederung ist durch die stark mäandrierende Mittlere Sorge (Alte Sorge-Schleife) bestimmt. Durch die Deichbau- und Entwässerungsmaßnahmen im 17. Jahrhundert wurde aus dem träge dahinfließenden Tieflandfluß eine riesige Altwasser(Kodierung: FA)-Landschaft mit Schwimmblattvegetation, breiten Flußröhrichten und ausgedehnten Feuchtgrünländereien, dazu auch ein faunistisch einzigartiger Lebensraum für Limikolen, Weißstorch, Fischotter etc. Somit ist der statistisch herausragende Wert für die FA-Kodierung in diesem Naturraumteil des Kreises (Abb. 3.8) leicht erklärt. Allein drei Nennungen umfassen 85 ha Altwasser-Biotope.

Unter Berücksichtigung der Tatsache, daß von allen größeren Fließgewässern des Kreises lediglich 30 % kartierungswürdig sind, fällt die Gesamtbilanz nicht gerade günstig aus. Von ihnen konnte wiederum nur ein Drittel (44 % der Biotopfläche repräsentierend) mit der Bewertung "1" eingestuft werden.

4.6 Stillgewässer

Wie im gesamten übrigen Lande auch ist im Kreis Schleswig-Flensburg das östliche Hügelland mit zahlreichen Seen ausgestattet, die allerdings nicht die Anzahl und Größe wie in den südlichen Landesteilen erreichen. Die meisten von ihnen füllen nach Lage und Form Teile von ehemaligen subglazialen Rinnen - teilweise von ausgesprochenen Tunneltälern - der beiden letzten Vereisungen aus (vgl. Abb. 40). So werden Sankelmarker See, Treßsee und die Täler der Bodenau mit Südensee sowie der Kielstau mit Winderatter See einem Rinnensystem zugerechnet. In einem weiteren Tunneltal liegen Langsee, Idstedter See, Reethsee und Arenholzer See. Weiterhin ragt in Angeln die Menge der Kleingewässer mit naturnaher Vegetation (Lachen, Tümpel, Kuhlen, Weiher; Kodierung: SL) und der extensiv genutzten Teichanlagen (ST) heraus. Allerdings ist die Zahl der in Angeln mit Prädikat "1" bewerteten Stillgewässer mit 28 (Flächenan-

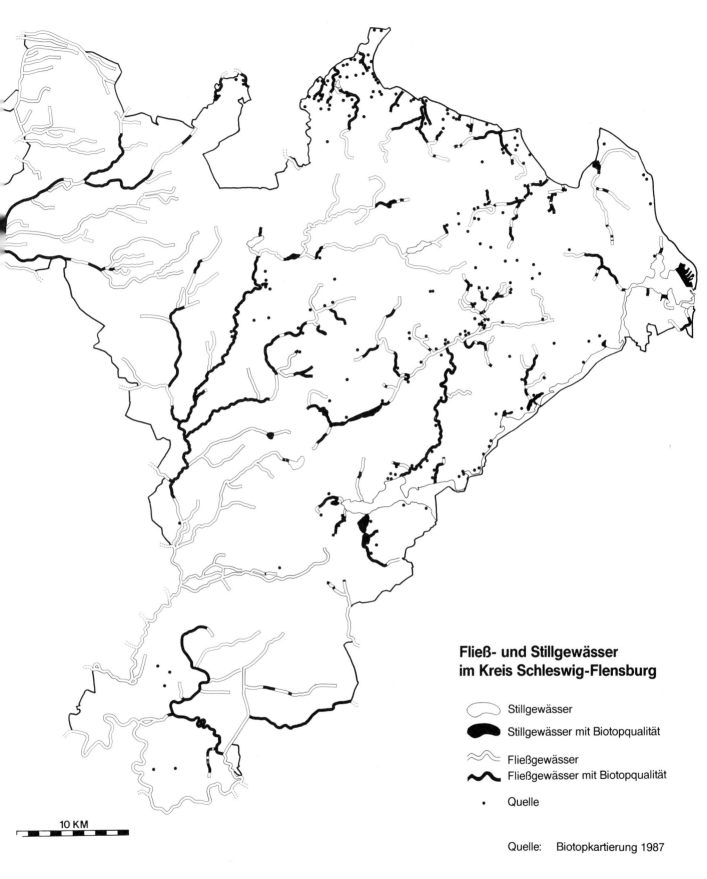

Abb. 40: Im Rahmen der Biotopkartierung erfaßte Fließ-und Stillgewässer im Kreis Schleswig-Flensburg

teil: 28,6 %) von insgesamt 196 relativ genug. Dies gilt um so mehr, da diese 196 immerhin zwei Drittel aller im gesamten Kreis erfaßten Stillgewässerbiotope darstellen (siehe Abb. 41).

Ein Exkurs über die gewässerchemischen Verhältnisse mag die auf Stillgewässer einwirkenden Außeneinflüsse beispielhaft verdeutlichen: Von drei kleineren Seen am Westrand Angelns liegen mehrere Analysenwerte vor (LW 1988), die zeigen, daß der Niehuus-See als mesotroph (mittlerer Nährstoffgehalt), der Sankelmarker See als eutroph (nährstoffreich) und der Langsee als eutroph-polytroph (mit Nährstoffen überdüngt) zu gelten haben. Natürliche und künstliche Nährstoffanreicherung in Stillgewässern (Seen-Alterung) wirkt sich mit Sicherheit mittel- bis langfristig auf das Floren- und Fauneninventar insgesamt, also auch im durch die Biotopkartierung nicht direkt zu beurteilenden Wasserkörper, gravierend aus. Ergänzende Detailuntersuchungen der Tier- und Pflanzenwelt dieser Seen sind daher für eine abschließende Beurteilung notwendig.

Hinzu kommt, daß in die Statistik der Stillgewässer Angelns - und natürlich auch Schwansens - die Noore der Ostsee (im Raum Glücksburg) und der Schlei mit eingegangen sind. Sobald diese mit der Ostsee bzw. mit der Schlei in offener Verbildung stehen, macht sich

Abb. 41: Verteilung der erfaßten Stillgewässer-Biotope in den Naturräumen

a = prozentualer Flächenanteil des Biotoptyps an der Gesamtnaturraumfläche (bzw. Kreisfläche in der letzten Abbildungszeile)

b = durchschnittliche Flächengröße der erfaßten Biotope

c = Anzahl der Nennungen des jeweiligen Biotoptyps

d = Anzahl der Biotope mit Nennungen aus der jeweiligen Biotoptypengruppe

e = Flächenverteilung innerhalb einer Biotoptypengruppe nach bio-ökologischen Wertstufen (1 = gut, 2 = durchschnittlich, 3 = schlecht=

SG = See, groß   SL = Lache, Tümpel, Kuhle

SM = See, mittlerer Größe   ST = Teich

SK = See, klein, Weiher, Wehle

- 91 -

Erfaßte Biotope der Typengruppe STILLGEWÄSSER

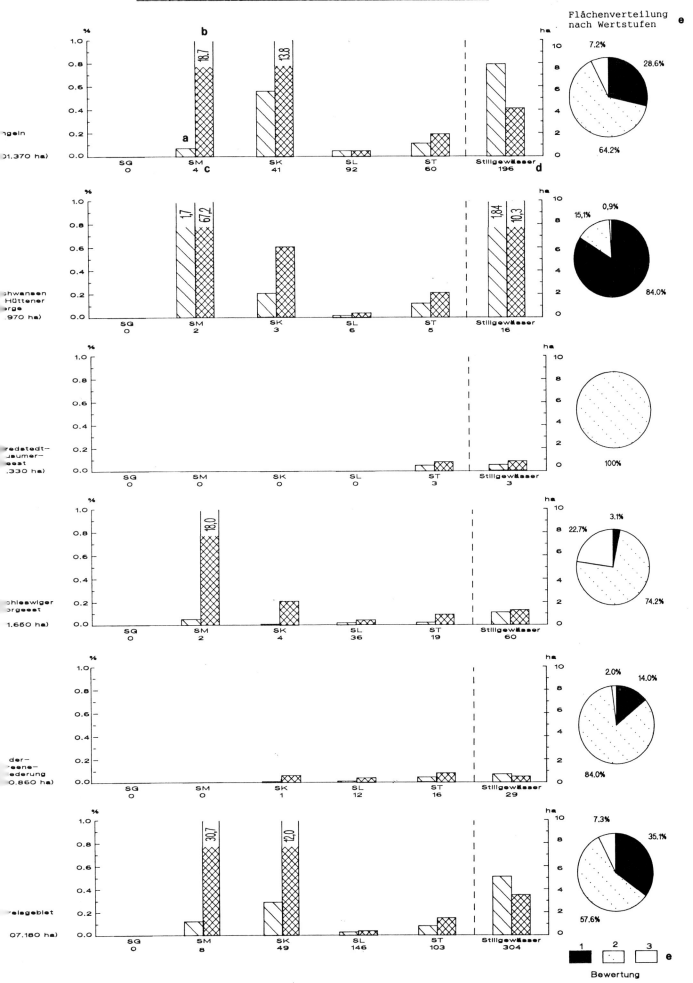

noch tief im Binnenland ein gewisser Salzgehalt des Wassers bemerkbar, was sich an der brackwassertoleranten Vegetation, z. B. des Haddebyer Noores, noch belegen läßt.

Abb. 42: Der Südensee

Im Rahmen der Biotopkartierung werden alle angetroffenen Kleingewässer kartiert. Je nach Zustand werden sie mit unterschiedlichen Tümpel-/Kleingewässersignaturen erfaßt (vgl. Abb. 43). Die Spanne reicht von "nicht mehr erfaßbar", d.h. in der topographischen Karte dargestellt und im Gelände nicht mehr vorhanden, über "regenerierbar", d.h. Tümpel ohne oder nur mit geringer Vegetation und z.T. stark durch Viehtritt gestört, bis ein zum "hochwertigen Kleingewässer" mit typischer und gut ausgebildeter Vegetation. Besonders gute Kleingewässer werden darüber hinaus als Biotop mit Erfassungsbogen beschrieben.

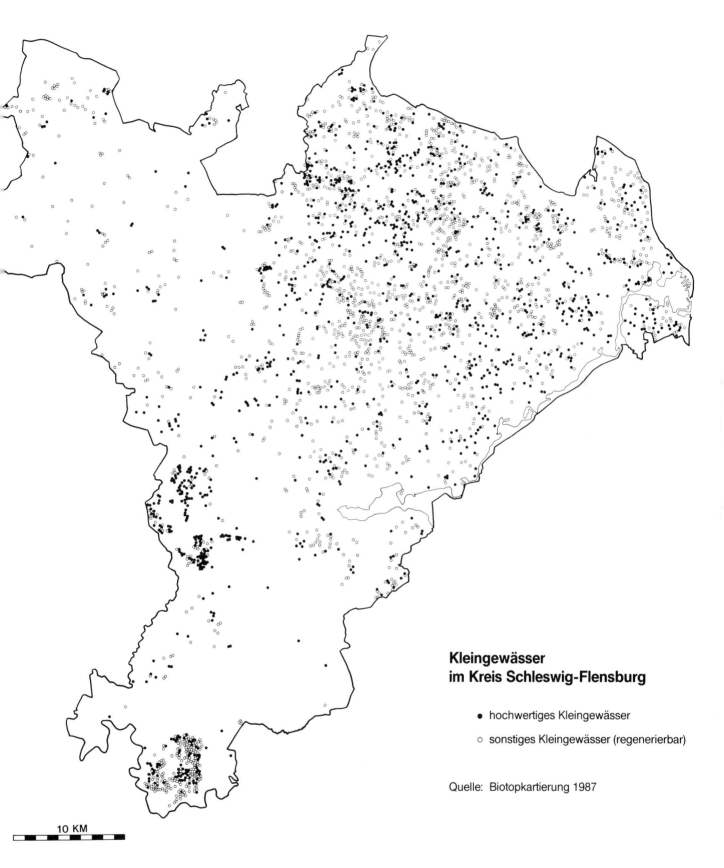

Abb. 43: Im Rahmen der Biotopkartierung erfaßte Kleingewässer (Tümpel, Kuhlen) im Kreis Schleswig-Flensburg

Die größten Tümpeldichten kommen in Angeln in den Räumen Havetoft-Ülsby und Hürup-Winderatt vor mit 4 bis 6 Kleingewässern pro 100 ha. Ein Schwerpunkt mit mehr als 6 Tümpeln/100 ha liegt im Raum Sörup-Dingholz.

Die Stillgewässer der Schleswiger Vorgeest sind überwiegend klein (Tümpel, Weiher, extensiv oder nicht mehr genutzte kleine Teichanlagen). Bezogen auf die Anzahl der erfaßten Stillgewässer liegt die Schleswiger Vorgeest zu zweiter Stelle hinter Angeln, allerdings mit großem Abstand. Bei den mit Signatur erfaßten Kleingewässern ergibt sich für die Vorgeest gleichfalls nur eine sehr geringe Dichte von weniger als einem Tümpel pro 100 ha.

In den Bereichen Treia-Silberstedt, Hollingstedt und auf der Erfder Geestinsel erreichen die Tümpeldichten Werte von mehr oder weniger deutlich über 6 Tümpel/100 ha.

Zwar gibt es im Land Schleswig-Holstein viele natürlich entstandene Kleingewässer, die meisten sind jedoch als ehemalige Mergelkuhlen bis in die 30er Jahre dieses Jahrhunderts und als Viehtränken künstlich entstanden (RASSOW 1970). Unabhängig von ihrer Entstehungsgeschichte sind diese Kleingewässer geschützt und dürfen allenfalls mit Genehmigung durch die unteren Landschaftspflegebehörden beseitigt werden (§§ 13 Abs. 1, 24 Abs. 1 LPflegG).

4.7   Küstenbiotope

In der Ostseeküstenlandschaft des Kreises wurden besonders viele hochwertige und durch die landeinwärts reichenden Bachschluchten mit der Umgebung eng verzahnte Biotope gefunden. Geologische und kleinklimatische Besonderheiten wie auch der küstennahe Verlauf der Wasserscheide zwischen Nord- und Stsee verleiht diesem rund 1 bis 5 km breiten Küstensaum seinen ganz eigenen Charakter (MEYNEN & SCHMITHÜSEN 1962). Dies veranschaulicht Abb. 44. Im folgenden werden die wesentlichen Biotoptypen dieses Küstenraumes vorgestellt.

Steilküsten bestimmen auf mehr als 23 Kilometer - das ist etwa ein Drittel der Gesamtlänge der Ostseeküste zwischen Flensburg und Schleimünde - das Bild der Küstenlandschaft. Sie sind meist bebuscht oder bewaldet. An wind- und strömungsexponierten Abschnitten findet aktiver Abbruch statt. Die Art des Abbruchs ist u.a. vom Ausgangsmaterial abhängig und bestimmt ganz wesentlich die Morphologie des Kliffs. Im Ostteil Angelns - etwa zwischen Schleimünde und Langballig - überwiegen geschiebereiche Grundmoränen, die steile und schmale "klassische" Abbruchkanten mit charakteristischen Hohlkehlen entstehen lassen. Im Bereich der Flensburger Förde dagegen, von Langballig bis Flensburg, sorgen von der Gletschertätigkeit schräggestellte Eemschollen - zähe, tonige Ablagerungen des interglazialen Eemmeeres - für oft großflächige Abrutschungen (KÖSTER 1958). Sehr schöne, verwickelte Abrutschmo-

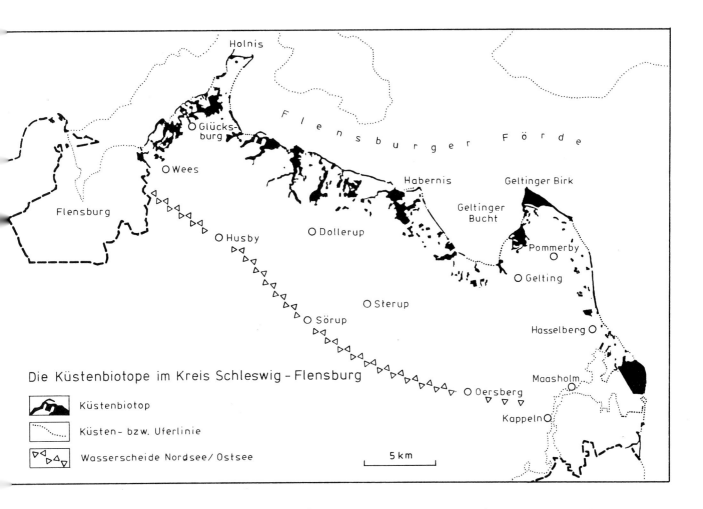

Abb. 44: Biotope an der Ostseeküste des Kreises Schleswig-Flensburg

saike mit unterschiedlichsten Vegetationsmustern und Skukzessionsstadien gibt es z.B. nördlich Bockholm. Auf stark kalkhaltigen Erosionsionshängen wachsen stellenweise noch sehr gut entwickelte Kalkbuchenwälder. Eine Besonderheit der Steilufer an der Flensburger Innenförde sind die fließenden Übergänge von diesen kalkreichen zu relativ sauren Buchen-Wäldern auf nährstoffarmen, ausgelaugten Böden des ausgedehnten Binnensandergebietes um Glücksburg.

Zu den gefährdetsten Lebensräumen der Küste gehören die **Strandwälle**, von denen mit ca. 18 km Länge die meisten kartiert wurden, allerdings mit überwiegend schlechter Bewertung. Sie entstehen an Flachküsten überwiegend aus dem Abbruchmaterial der Steilufer (MUUß & PETERSEN 1971). Es sind teilweise sehr alte Lebensräume, deren Kern mit dem nacheiszeitlichen Meeresspiegelanstieg aus teilweise fünf bis zehn Meter Tiefe mitgewachsen ist (ZETT 1987). Landseitig werden sie häufig von vermoorten Senken begrenzt, deren Entstehung vor allem auf die Stauwirkung der Wälle zurückzuführen ist. Seeseitig kennzeichnen nitratreiche Spülsäume die Hochwasserstände. Mit ihrem hohen Nährstoffgehalt bilden sie einen interessanten Kontrast zu den mageren Grasfluren der Strandwallkämme. Diese enthalten, besonders bei schwachen Flugsandauflagen, schon viele Elemente der Dünenvegetation. Echte Dünen sind allerdings nur bei Kronsgaard hinter dem Strandwallsystem aufgeweht. Sie werden durch die Nutzung als Campingplatz stark beeinträchtigt.

Sogenannte **Höfts** entstehen, wenn sich im Laufe der Zeit vor einem bestehenden Strandwall weitere ablagern. Dies kann dann bei geeigneten Strömungs- und Tiefenverhältnissen zu deltaförmig seewärts wachsenden Strandwall-Landschaften führen. Ihre eigenartige Oberflächenstruktur wird von abwechselnden Wällen und z.T. vermoorten - Tälchen gebildet, die noch am schönsten südlich von Bockholm erhalten ist. Von archäologischem Interesse sind die wikingerzeitlichen Gräberfelder auf dem Höft bei Langballig (VOSS & MÜLLER-WILLE 1973). Hier täuscht im übrigen die gleichzeitige Mündung der Langballigau eine Flußdeltabildung vor.

Abb. 45: Naturdenkmal "Holnis-Kliff"

Abb. 46: Ostseeküste nördlich Glücksburg

Nehrungen sind Strandwälle mit nur einseitigem Landkontakt. Ihr Verlauf folgt energiearmen Bereichen, in denen sich die Strömungskräfte aufheben. Anschaulich ist die Nehrungsbildung nördlich der Halbinsel Holnis am Übergang von der Innenförde in die Flensburger Außenförde zu beobachten. Sie gehen an der Spitze in Sandriffe über, die nur bei extremen Niedrigwasserständen sichtbar werden. Durch ihre Lage sind Nehrungen vor allem als Brutgebiete für Seevögel interessant.

Werden weitere Strandwälle an Nehrungshaken angelagert, entstehen fächerförmige Strandwall-Landschaften. Die Geltinger Birk ist auf diese Weise als Nehrungsfächer entstanden und hat durch den späteren Kontakt mit der Insel Beveroe Ähnlichkeiten mit einem Höft.

Noore entwickeln sich durch ein oder zwei Nehrungshaken oder durch ganze Nehrungsfächer von weit offenen Meeresbuchten zu beruhigten Küstengewässern mit ganz eigenem Charakter. Die meisten Noore Angelns sind heute allerdings durch Eindeichung und Entwässerung beeinträchtigt oder verschwunden. Mit Stillgewässern haben Noore die Verlandungstendenz gemeinsam, es entstehen Salzmoore mit Schilfröhricht und salztoleranten Hochstaudenrieden.

Traditionell werden diese Salzmoore landwirtschaftlich genutzt, so daß aus ihnen schon sehr früh Salzweiden oder Salzwiesen entstanden sind. Das Schilf wird dabei zugunsten einer charakteristischen Salzrasenvegetation zurückgedrängt. Naturnahe, d.h. extensiv genutzte und im Kontakt mit der ursprünglichen Vegetation stehende, Salzrasen gibt es z.B. im Naturschutzgebiet Oehe-Schleimünde, auf Holnis und westlich Gelting.

Typisch für die Küstenlandschaft Angelns sind die von Gebüschen oder Wäldern gesäumten **Bachschluchten**. Sie können sehr kurz sein und erstrecken sich dann tunnelartig vom Strandbereich einige hundert Meter ins Landinnere. Schöne Beispiele für diese in Angeln "Gruen" genannten Täler gibt es südlich der Ortschaft Westerholz. Größere Gewässer - z.B. die Steinberger Au und Langballigau - fließen in breiteren Talräumen, deren Vegetation noch deutlich von gelegentlichen Ostseehochwassern geprägt ist. Gemeinsam ist diesen kleineren oder größeren Bachschluchten bzw. Talräumen, daß sie häufig von Steilhängen begrenzt werden, die allmählich in die Steilküste der Ostsee übergehen. Charakteristisch ist auch ein sehr mildes Kleinklima, was z.B. bei der Nutzung der Talmulden als besonders idyllische Streuobstwiesen ausgenutzt wird.

Klimatisch begünstigt sind auch die **Küstenwälder** Angelns. Ihre floristischen Besonderheiten wurden an anderer Stelle beschrieben (Kapitel 2.2). Die im Frühjahr aspektbildenden Geophyten und Orchideenfluren sind besonders in den als Niederwald genutzten Bereichen sehenswert.

5. Schutzgebiete

Einem unterschiedlich starken Schutz nach dem Landschaftspflegegesetz (LPflegG) unterliegen zahlreiche linien- und flächenhafte Landschaftselemente, auch ohne daß spezielle Verordnungen erlassen werden müßten.

Dies sind insbesondere die Feucht- und Trockengebiete sowie Knicks (§ 11 LPflegG), aber z. B. auch - mit gewissen Einschränkungen - Gewässer mit ihren natürlichen Lebensgemeinschaften von Pflanzen und Tieren (§§ 12, 13, 24 LPflegG).

Als spezielle Schutzmaßnahme sieht das Landschaftspflegegesetz eine Ausweisung bestimmter Biotopkomplexe, Landschaftsausschnitte oder Einzelobjekte zum Naturschutzgebiet, Landschaftsschutzgebiet, Naturdenkmal oder geschütztem Landschaftsbestandteil (§§ 16, 17, 19, 20 LPflegG) vor, wobei in den jeweiligen Verordnungen Schutzgegenstand, Schutzziel, Verbote und Gebote, aber auch erlaubte Handlungen auf den konkreten Schutzgegenstand bezogen und in dem für das Erreichen der genannten Ziele notwendigen Maße formuliert sein sollen.

Grundsätzlich gilt, daß alle von der Biotopkartierung erfaßten Biotope Qualitäten haben, wie sie im § 20 LPflegG genannt sind (z. B. Sicherstellung der Leistungsfähigkeit des Naturhaushaltes, Belebung und Gliederung des Orts- und Landschaftsbildes) und daher als zu schützende Landschaftsbestandteile behandelt werden sollten.

In die Landschaftsrahmenplanung fließen u. a. auch die Fachbeiträge des Geologischen Landesamtes und des Landesamtes für Vor- und Frühgeschichte ein. Die in diesen Beiträgen angeführten geologisch schützwürdigen Objekte (GeoschOb) und archäologischen Denkmale decken sich in sehr vielen Fällen mit den von der Biotopkartierung erfaßten Objekten. Daher wird in den Biotoperfassungsbögen auf diese Schutzwürdigkeiten besonders hingewiesen. Alle archäologischen Denkmale werden in der Biotopkarte 1 : 25.000 mit Signatur dargestellt. Dagegen werden die geologisch schutzwürdigen Objekte nicht gesondert markiert, da sie sich entweder mehr oder weniger vollständig mit erfaßten Biotopen flächenhaft decken oder aber ganze Regionen darstellen und nicht flächenscharf abzugrenzen sind.

Gleiches gilt für die vom Landesamt für Naturschutz und Landschaftspflege vorgeschlagenen "Biotope mit gesamtstaatlich repräsentativer Bedeutung", die der Bundesforschungsanstalt für Naturschutz und Landschaftsökologie für ihre vorläufige Bundesliste benannt worden sind. Auf diese gesamtstaatliche Bedeutung wird im Einzelfall in den jeweiligen Biotoperfassungsbögen hingewiesen. Es handelt sich in allen Fällen um bestehende oder vorgeschlagene Naturschutzgebiete (in den Kapiteln 5.1 und 5.2 jeweils mit dem Symbol "*" markiert).

Für alle in folgenden angeführten Schutzkategorien gilt, daß sich neu hinzukommende Erkenntnisse in weiteren Schutzgebietsvorschlägen bzw. Korrekturen der jetzigen Gebietsvorschläge niederschlagen können.

5.1 Bestehende Naturschutzgebiete

Im Kreis Schleswig-Flensburg bestehen z. Z. 15 Naturschutzgebiete mit einer Gesamtfläche von 2.006 ha. Dies entspricht einem Flächenanteil von 0,97 % der Kreisfläche (Landesdurchschnitt ohne Wattenmeer 1,59 %, Stand Juni 1988).

Erweiterungsvorschläge werden gemacht für die bestehenden Naturschutzgebiete Tetenhusener Moor, Pobüller Bauernholz, Geltinger Birk, Düne am Treßsee und Os bei Süderbrarup (s. Kapitel 5.2).

Hinzu kommt der mit Verordnung vom 29.7.1986 einstweilig sichergestellte Landschaftsteil der Sorgeniederung mit einer Größe von 598,5 ha (inzwischen ist die Sicherstellung verlängert worden).

Nachfolgend werden die bestehenden Naturschutzgebiete des Kreises Schleswig-Flensburg aufgelistet (siehe auch Abb. 57):

TK 25/Biotop-Nr.			Gebiet
1622/113-121, 138-144	*	1	"Tetenhusener Moor"

03.03.1932, Reg.-Amtsbl., S. 128, 205 ha

Erhaltung eines großflächigen, durch atlantisches Klima geprägten Hochmoores in der Eider-Treene-Niederung. Gekennzeichnet durch verschiedene Hochmoorentwicklungsstadien. Brutgebiet der Trauerseeschwalbe.

1322/71, 72		2	"Fröruper Berge"

02.12.1936, Reg.-Amtsbl., S. 369
1. Änderung 31.03.1938
Reg.-Amtsbl., S. 48
2. Änderung 08.08.1969
GVOBl. Schl.-H.,
S. 189, 90 ha

Schutz einer landschaftlich sehr abwechslungsreichen und reizvollen Endmoränenlandschaft, zum größten Teil bewaldet. In Senken kleine Torfmoore mit vielseitiger Flora und Fauna.

1222/29		3	"Am Treßsee"

30.05.1937, Reg.-Amtsbl., S. 202, 8,2 ha

Erhaltung eines vielfältig strukturierten, für den Naturraum sehr seltenen Binnendünengebietes mit charakteristischen Pflanzengesellschaften und seltenen Arten der Insektenfauna.

---

* = gemeldet als gesamtstaatlich repräsentativer Biotop

TK 25/Biotop-Nr.			Gebiet
1321/7		4	"Düne am Rimmelsberg"

1321/7   4   "Düne am Rimmelsberg"

20.06.1938, Reg.-Amtsbl., S. 231, 7,0 ha

Erhaltung eines Binnendünengeländes mit Heide- und Krattvegetation. Lebensraum seltener Pflanzen. Floristische Besonderheit ist ein bemerkenswerter Bestand des Wacholders.

1321/9   5   "Pobüller Bauernholz"

01.03.1938, Reg.-Amtsbl., S 88, 4,6 ha

Schutz eines kleinen Eichen-Buchenbestandes in einem auf saaleeiszeitlicher Altmoräne stockenden, ausgedehnten Waldgebietes. Bemerkenswerter Anteil der seltenen Traubeneiche.

1323/63   *   6   "Hechtmoor"

02.09.1941, Reg.-Amtsbl., S. 165, 34,2 ha

Erhaltung eines charakteristischen Hochmoores in verschiedenen Entwicklungsstadien im Zentrum Angelns. Der Moorkörper ist umsäumt von einem Erlenbruchwald. Hervorragendes Rückzugsgebiet für gefährdete Pflanzen- und Tierarten.

* = gemeldet als gesamtstaatlich repräsentativer Biotop

TK 25/Biotop-Nr.			Gebiet
1522/27, 30, 31, 59-61 1523/39, 51, 54, 91		7	"Haithabu-Dannewerk" 05.07.1950, GVOBl. Schl.-H., S. 214, 40,8 ha Schutz des alten Grenzwalles Dannewerk/Waldemarsmauer und des Ringwalls der frühgeschichtlich international bedeutenden Anlage "Haithabu". Teils von niederwaldartig genutztem Eichenbestand bestockt, teils mit Trockenrasen und Sandheide bewachsen.
1225/6, 7, 9, 10, 14, 61-64, 69, 112	*	8	"Geltinger Birk" 03.01.1952, GVOBl. Schl.-H., S. 1 1. Änderung 23.12.1986 GVOBl. Schl.-H., S. 33, 773,0 ha Erhaltung eines aus Strandwällen und einem Kliffhang gebildeten Landschaftsteils mit hochwertigen Salzwiesen, Hochstauden- und Seggenrieden, Röhrichten, naturnahen Hangwäldern und Wasserflächen der Ostsee. Lebensraum einer Vielzahl gefährdeter Pflanzen und Tiere. Von besonderer Bedeutung als Rast- und Nahrungsbiotop für Zugvögel.
1324/43		9	"Os bei Süderbrarup" 10.12.1956, GVOBl. Schl.-H., S. 206, 1,3 ha Schutz eines ursprünglich für ein Os gehaltenen, im Wiesental der Oxbek gelegenen Wallberges von 9 m Höhe und 250 m Länge. Die Pflanzendecke besteht aus Vertretern der trockenen Sandflur.

* = gemeldet als gesamtstaatlich repräsentativer Biotop

TK 25/Biotop-Nr.			Gebiet
1523/28		10	"Esprehmer Moor"

1523/28 — 10 "Esprehmer Moor"

29.07.1965, GVOBl. Schl.-H., S. 55, 37,6 ha

Erhaltung des östlichen Bereichs eines ehemals ausgedehnten Hochmoores mit Regenerationsflächen auf ehemaligem Abbau. Regional das bedeutendste Hochmoor. Rückzugsgebiet für viele gefährdete Pflanzen- und Tierarten.

1121/8 — 11 "Lundtop"

09.06.1967, GVOBl. Schl.-H., S. 209, 13,1 ha

Schutz eines größtenteils zum Hochwald durchgewachsenen Eichenkratts auf ausgeprägter Altmoränenkuppe der Schleswiger Vorgeest. Von großer Bedeutung für die Vegetationskunde.

1326/22, 24 — * 12 "Vogelfreistätte Oehe-Schleimünde"

27.05.1970, GVOBl. Schl.-H., S. 138
1. Änderung 14.07.1987
GVOBl. Schl.-H., S. 264
2. Änderung 10.03.1988
GVOBl. Schl.-H., S. 122
362,0 ha

Erhaltung eines aus einem Nehrungshaken mit Strandwällen und flachen Dünen, aus Salzwiesen, flachgründigen Teichen und Windwatten sowie aus Wasserflächen der Schlei und der Ostsee gebildeten Landschaftsteiles. Aufgrund seiner großen Vielfalt Lebensraum einer zahl- und artenreichen Pflanzen- und Tierwelt. Von herausragender Bedeutung als Rast- und Nahrungsbiotop für Zugvögel.

* = gemeldet als gesamtstaatlich repräsentativer Biotop

TK 25/Biotop-Nr.		Gebiet
1423/11, 12, 25, 167, 168	13	"Reesholm/Schlei"
		30.08.1976, GVOBl. Schl.-H., S. 224, 120,0 ha
		Erhaltung eines vielseitigen Feuchtgebietes mit an bestimmte Standorte gebundenen, charakteristischen Pflanzengesellschaften und einer besonders artenreichen Vogelwelt.
1123/30	14	"Pugumer See und Umgebung"
		05.01.1978, GVOBl. Schl.-H., S. 13, 89,0 ha
		Erhaltung eines noch offenen, aber weitgehend zum Bruchwald verlandeten Binnensees mit umgebenden feuchten Niederungen und Waldflächen. Lebensraum verschiedener gefährdeter Pflanzen- und Tierarten.
1121/9	15	"Fröslev-Jardelunder Moor"
		30.05.1084, GVOBl. Schl.-H., S. 118, 222,0 ha
		Erhaltung eines großflächigen, sich im Osten auf dänischem Staatsgebiet fortsetzenden Hochmoores im Flensburger Sanderbereich mit charakteristischen, teilweise gefährdeten Tier- und Pflanzenarten.

5.2 Vorschläge für neue Naturschutzgebiete

Nach intensiver Auswertung wurden 47 Gebiete (einschließlich der in Kapitel 5.1 genannten Erweiterungen bestehender Naturschutzgebiete) festgelegt, für die nach dem jetzigen Kenntnisstand zur Sicherung ökologischer Besonderheiten oder höchstwertiger Biotopkomplexe eine Unterschutzstellung als Naturschutzgebiet empfohlen wird (siehe auch Abb. 57).

Damit werden zusätzlich zu den bestehenden Naturschutzgebieten (0,97 %) weitere 3,5 % der Kreisfläche als Naturschutzgebiet vorgeschlagen. Diese 3,5 % setzen sich zusammen aus 2,1 % naturschutzwürdiger Biotopfläche und 1,4 % unmittelbar angrenzender zu schützender Umgebungsfläche.

Die in § 16 LPflegG geforderten Kriterien für eine Unterschutzstellung als Naturschutzgebiet sind:

- wissenschaftliche, naturgeschichtliche oder landeskundliche Gründe,
- Erhaltung von Lebensgemeinschaften oder Lebensstätten bestimmter wildwachsender Pflanzen- oder wildlebender Tierarten oder
- ihre Seltenheit, besondere Eigenart oder hervorragende Schönheit.

Nachfolgend werden die vorgeschlagenen Naturschutzgebiete des Kreises Schleswig-Flensburg aufgelistet:

| TK 25/Biotop-Nr. | * | NSG-Vorschlag | 1 |

| 1121/4, 5 | Baggersee und Eichenkratt südlich Böxlund |

Eichenkratt und angrenzende, aufgelassene Kiesgrube mit Uferschwalbenkolonie. In der Kiesgrube liegt ein kleines Gewässer des ehemaligen Abbaus. Im Südwesten ist eine Fläche aufgeforstet, die nach entsprechenden Maßnahmen einbezogen werden sollte.

Schutzgrund:
Hervorragendes Beispiel eines Eichenkratts der Schleswiger Geest mit sehr gut ausgebildeter Krautschicht; teilweise dominierende Maiglöckchenbestände. Zusammen mit der angrenzenden Kiesgrube beinhaltet die Fläche zahlreiche Arten der Roten Liste. Gleichzeitig neben den pflanzensoziologischen Besonderheiten soll auch die alte Kulturform des Eichen-Niederwaldes geschützt werden.

Gefährdung:
Überalterung der Kratt-Eichen, vereinzelte Müllablagerungen, Motocross in der Kiesgrube, Erholungsnutzung (Badebetrieb im Gewässer), Schuppen und Geräte vom Kiesabbau sowie Ablagerungen des ehemaligen Oberbodens.

Maßnahmen:
Krattgemäße Bewirtschaftung anstreben; Schuppen, Geräte, Müll und Oberbodenablagerungen entfernen.

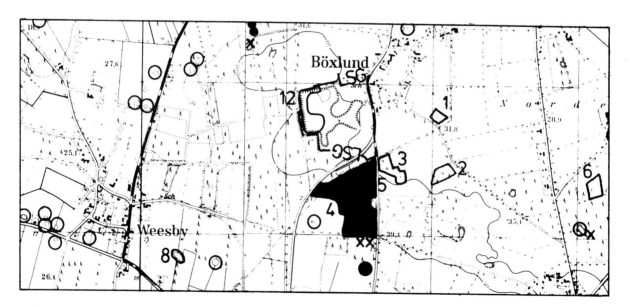

schwarze Flächen: als Kernbereich erfaßte Biotope

* Symbol für "Biotope mit gesamtstaatlich repräsentativer Bedeutung"

TK 25/Biotop-Nr.	*	NSG-Vorschlag	2
1123/94-99		Halbinsel Holnis	

Ausgleichsküste einer weit nach Norden in die Flensburger Förde ragenden Halbinsel mit intensiver Erosions- und Sedimentationsdynamik. Der Küstenabschnitt ist durch überwiegend naturnahe und natürliche Ökosysteme wie Nehrungshaken, Noore, Salzwiesen und Steilküsten - jeweils in unterschiedlicher, standortbedingter Ausprägung - in enger, räumlicher, geologischer und ökologischer Verknüpfung charakterisiert. Das obere Litoral ist als ausgedehnte Flachwasserzone mit charakteristischen Lebensgemeinschaften angelegt.

Schutzgrund:
Einmalige Küstenmorphologie, die sich auf Holnis auf engstem Raum entsprechend der exponierten Lage in der Flensburger Förde ständig wandelt. Die Halbinsel Holnis bietet Lebensraum für charakteristische Pflanzen- und Tierarten des Litorals des Strand- und Steiluferbereichs sowie der Salzwiesen. Die von anthropogenen Störungen weitgehend abgeschirmten Nehrungshaken sind ein wichtiger Rast- und Brutbiotop für Seevögel.

Gefährdung:
Landwirtschaftliche Nutzung überwiegend als Acker bis an den oberen Rand der Steilküste, da durch Eutrophierung und Verdrängung der Steilküsten typische Pflanzen- und Tierwelt; starke Belastung durch Fremdenverkehr und Naherholung, insbesondere durch den Ausbau der Infrastruktur (Straßen, Parkplätze). Die beiden Noore, die Holnis früher einen Inselcharakter gaben (Verbindung nur über den Strandwall), werden seit etwa 1924 entwässert, d. h. abgepumpt und landwirtschaftlich genutzt (z. T. als Acker). Problematisch sind außerdem Küstenschutzmaßnahmen in Höhe von Holnis Kliff, die die natürliche Küstendynamik vermutlich erheblich stören.

Maßnahmen:
Ein küstenparalleler Streifen von etwa 100 m Breite sollte nicht mehr als Acker, sondern ausschließlich als Extensivgrünland oder zur freien Sukzession genutzt werden; Steuerung und Einschränkung des Fremdenverkehrs; Renaturierung der beiden Noore durch Verlegung der Deiche direkt vor von Hochwassern gefährdeter Siedlungen.

zu Nr. 2: Halbinsel Holnis

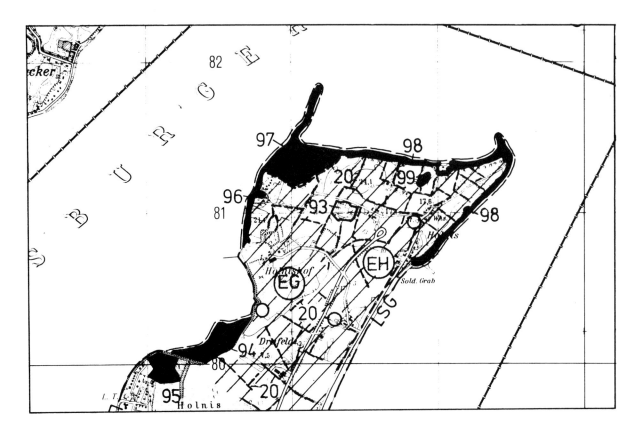

zu Nr. 3: Fördeküste Wille Westerwerk

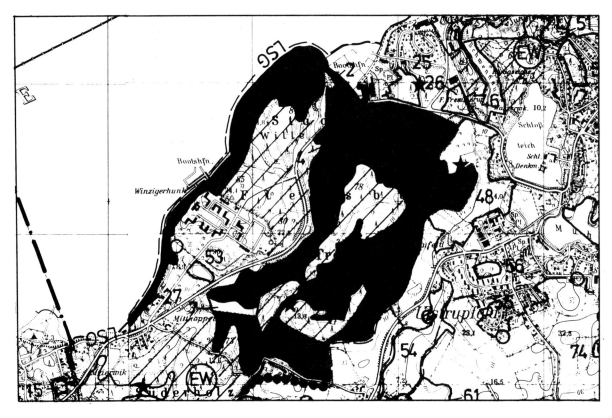

schwarze Flächen: als Kernbereich erfaßte Biotope

TK 25/Biotop-Nr.	*	NSG-Vorschlag	3

1123/1-5, 7, 21-24, 27   Fördeküste
                                                        Wille/Westerwerk

Bewaldete Halbinsel am Flensburger Fördeufer, geologisch ein oberflächlich stark entkalkter, im Untergrund sehr kalkreicher Rücken der kuppigen Grundmoräne. Schützenswert ist die gesamte Steilküste sowie der landeinwärts angeschlossene Übergangsbereich zur ehemaligen Fördebucht "Westerwerk" mit wertvollen Salzwiesen und Brackwasserröhrichten und der südlich angrenzenden, vermoorten, teilweise zu Teichen angestauten, vielfältig verzweigten Talniederung.

Schutzgrund:
Ökologisch wie geomorphologisch hoch interessanter Lebensraum mit enger Verzahnung von salz- und süßwasserbeeinflußten, trockenen und nassen, sowie kalkarmen und kalkreichen Biotoptypen. Artenreich: Vorkommen fast aller Pflanzenarten der Wälder Angelns, spezialisierter Arten der zahlreichen Übergangsbereiche, insbesondere der Quellen; über 30 Pflanzenarten der Roten Liste, darunter solche, die hier ihren letzten Wuchsort in Schleswig-Holstein haben (Pendelsegge) oder die in der Bundesrepublik Deutschland nur hier vorkommen (Graublaues Habichtskraut). Die drei Binnengewässer sind wichtige Brut- und Durchzugsgebiete für Wasser- und Sumpfvögel.

Gefährdung:
Intensive forstwirtschaftliche Nutzung, vor allem der Randbereiche; Fremdenverkehr und Naherholung an der Steilküste (Erosionsschäden im begehbaren Bereich); Störung durch die Bootshafenanlage und den Bootsbetrieb. Intensive Teichbewirtschaftung mit der Vernichtung von Reetbeständen und der Entwässerung von umliegenden Feuchtwiesen (Biotop 21,7).

Maßnahmen:
Die kartierten Waldanteile sollten sich selbst überlassen bleiben, in den Randbereichen ist eine extensive Forstwirtschaft empfehlenswert; Fremdholzkulturen und naturferne Laubholzaufforstungen sollten in naturnähere standortstypische Waldbilder umgebaut werden. Die Nutzung der im NSG-Vorschlag einbezogenen Teiche ist einzustellen. Der Freizeithafen bei "Quellental" muß auf das Ufer an der Ostseite der Bucht beschränkt werden.

TK 25/Biotop-Nr.	NSG-Vorschlag	4
1123/46-48	Schwennautal	

Durchbruch der Schwennau durch die kuppige Glücksburger Grundmoräne mit bis zu 25 m hohen Steilhängen. Vor der Einmündung in die Förde salz- und quellwasserbeeinflußte Überschwemmungsniederungen mit Feuchtwiesenresten.

Schutzgrund:
Naturnahes, vielfältiges Bachtal mit größeren Au- und Bruchwaldkomplexen. Trotz der Siedlungsnähe sehr gut mit angrenzenden Lebensräumen vernetzt, darunter schöne Hangwälder und Seitentäler. Vorkommen gefährdeter Pflanzen und Tiere in gefährdeten Pflanzengesellschaften. Im oberen (südlichen) Teil haben sich Reste ehemals extensiv genutzter Feuchtgrünlandbereiche mit typischen Sumpfdotterblumenwiesen gehalten.

Gefährdung:
In Teilbereichen Begradigung und Räumung sowie Befestigung der Au und ihrer Nebenbäche. Ablagerung von Müll und Gartenabfällen aus den angrenzenden Siedlungen in den Niederungsbereich; schlechte Wasserqualität der Schwennau; größere Campingplatzanlage im Mündungsbereich.

Maßnahmen:
Schwennau und Nebenbäche, wo nötig, renaturieren; Wasserqualität verbessern; Oberlauf (außerhalb des NSG-Vorschlages, siehe Biotop 61) öffnen bzw. renaturieren und mit der Munkbrarupau zu einem intakten Fließgewässersystem entwickeln. Müllbeseitigung; Campingplatz mittelfristig ins Hinterland verlegen; Erhaltung der Extensivgrünländereien durch Fortsetzung entsprechender Nutzungstypen.

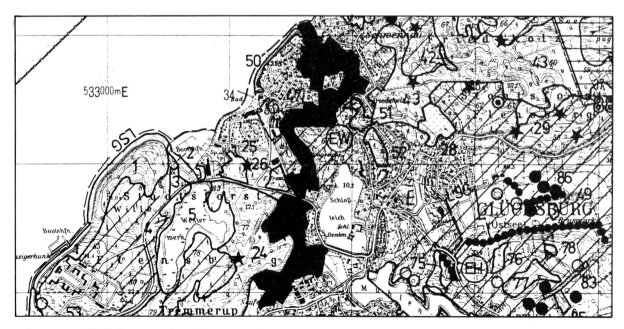

schwarze Flächen: als Kernbereich erfaßte Biotope

TK 25/Biotop-Nr.   NSG-Vorschlag   5

1123/28, 29, 33, 35,   Friedeholz/Pugumer See
    42, 43, 137   (Erweiterung)

Laubwaldbereiche des "Friedeholzes" und angrenzende Quellbrüche, Sumpfwiesen, Übergangsmoore und Bachschluchten.

Schutzgrund:
Im ökologisch-hydrologischen Zusammenhang mit dem bestehenden NSG "Pugumer See" wichtige Ergänzungsflächen mit vielen herausragenden Besonderheiten; Vorkommen seltener Quellmoortypen, Sturzquellen, Quellhügel und Erlenquellbrüche, weitgehend naturnaher Waldmoore in abflußlosen Senken und artenreichen Niedermooren. Schutz und entwicklungsfähige Reste des naturnahen Waldbildes (z. B. Heidelbeer-Eichen-Buchenwald, Erlen-Eschenwald) mit z. T. sehr altem Baumbestand. Archäologisch ist die vorgeschlagene Erweiterung wegen der zahlreichen vor- und frühgeschichtlichen Grabhügel bedeutsam.

Gefährdung:
Vor allem durch die Forstwirtschaft; verbreitet ist die Entwässerung kleiner, mooriger Waldsenken. Intensive Nutzung von § 11-Wald. In der Umgebung ausgedehntere Nadelholzkulturen, auch im bestehenden NSG "Pugumer See". Im westlichen Bereich: Vegetations- und Bodenschäden durch Besucher und Wanderer; breit ausgebaute Wirtschaftswege.

Maßnahmen:
§ 11-Flächen nicht bewirtschaften und nicht entwässern. Im übrigen Teil die natürlichen, standortsgerechten Waldtypen fördern, Umgebungswald ebenfalls extensiver nutzen. Besucherlenkung, Wegeführung der neuen NSG-Abgrenzung anpassen. Archäologische Denkmäler in NSG einbinden, von Fremdholzarten freistellen. Evtl. mit den Biotpen 1123/36-41 (Ostseeküste, Bachtäler) zu einem Schutzgebietssystem vernetzen.

schwarze Flächen: als Kernbereich erfaßte Biotope

| TK 25/Biotop-Nr. | * | NSG-Vorschlag | 6 |

1123/88-91   Steilküste
                                              Bockholm/Bockholmwik

Natürliche Abbruchküste der Ostsee/Flensburger Förde zwischen Bockholm
und Bockholmwik, überwiegend beweidet oder mit Gebüsch bestanden und in
ihrem besonderen Charakter durch wechselnde Sand-/Lehmlagen in Verbindung mit ergiebigen Quellhorizonten geprägt. Es dominiert der ulmenreiche
Eschen-Erlen-Hangwald, öfter in erlenreiche, sumpfige Waldtypen übergehend. Häufiger finden sich auch nackte Lehmwände und Schuttkegel aus
Kiesel und Sanden.

Schutzgrund:
Einziges Beispiel einer breit angelegten, aktiven Steilküste im nördlichen
Schleswig-Holstein. Auf den bis 100 m tief ins Land reichenden, sandig,
lehmigen Geschiebeterrassen wächst ein völlig unberührter Pionierwald. Zu
den zahlreichen Besonderheiten des Gebietes zählen Kalksinterterrassen in
Hanglagen, artesische Quellen am geröllreichen Strand sowie größere, von
breiigem Lehm und Sand verschütteten Vegetationsmosaiken. Lebensraum
charakteristischer und gefährdeter Pflanzen und Pflanzengesellschaften.

Gefährdung:
Nutzung der angrenzenden Moränenhügel als Golfplatz, z. T. bis an die
obere Hangkante der Steilküste; in den Hang gebautes CVJM-Heim mit Zufahrtstraße und Freizeitgelände sowie umfangreichen Einzäunungen, Steiluferbefestigungen und gärtnerischen Anlagen in diesem Bereich; im nördlichen Drittel durch Weidenutzung degenerierte Hangbereiche.

Maßnahmen:
Golfplatz vom Rand der Steilküste abrücken; Verlegung des Jugendheimes
ins Hinterland; Abbruch sämtlicher Küstenschutzeinrichtungen; Aufgabe der
Weidenutzung im nördlichen Teil des Gebietes; Beseitigung von privaten
Treppenanlagen in Teilen der Steilküste.

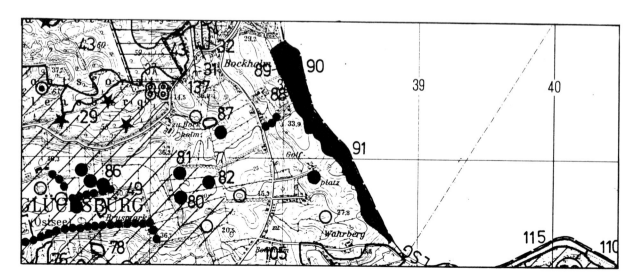

schwarze Flächen: als Kernbereich erfaßte Biotope

TK 25/Biotop-Nr. * NSG-Vorschlag 7

1123/62, 67, 68   Munkbrarupau

Talraum der Munkbrarupau, Kerngebiet etwa 2 km und 200 m breit, zwischen Glücksburg und Munkbrarup. Größtenteils unbewaldet, mit locker bebuschten, großflächig beweideten, dem natürlichen Standortmuster angepaßten Grünlandtypen. Die Au durchfließt das Tal im weitgehend natürlichen Bachbett, im mittleren Teil mit einem zusammenhängenden Au-/Erlenwaldkomplex ein sehr naturnahes, geschlossenes Ökosystem bildend.

Schutzgrund:
Ausgedehnter und durch die großflächige Beweidung charakteristisch geformter, in Teilen naturnah erhaltener Talraum. Vorkommen gefährdeter Pflanzengesellschaften und Pflanzenarten, größtenteils intaktes Fließgewässersystem.

Gefährdung:
Ungleichgewicht zwischen genutzten und ungenutzten Flächen; im Randbereich intensiver Ackerbau; Beweidung von Knicks im Talraum; Abtrennung von südlich angrenzenden Teilen der Munkbrarupau durch einen das Tal querenden Straßendamm.

Maßnahmen:
Großflächige Beweidung beibehalten, jedoch mit geringerem Viehbesatz die Ausdehnung von Bruchwald und Weidenkomplexen sowie Seggen und Röhrichtsümpfen fördern; Knickregeneration, Fließgewässerrenaturierung.

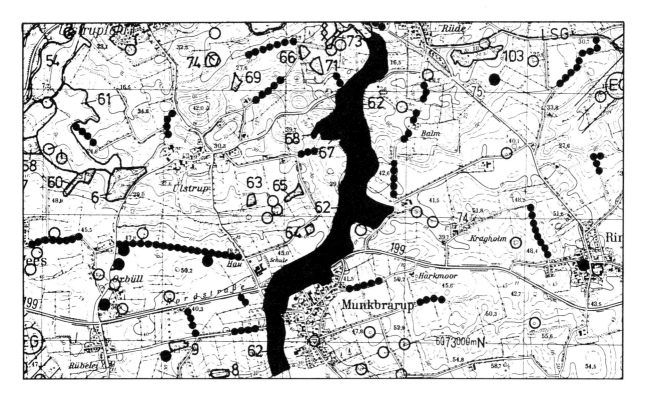

schwarze Flächen: als Kernbereich erfaßte Biotope

TK 25/Biotop-Nr.	*	NSG-Vorschlag	8
1123/109-119		Höftland Bockholmwik	

Das Gebiet umfaßt einen mehr als 2 km langen und 500 - 800 m breiten Ostseeküstenstreifen zwischen Bockholmwik und Langballig. Kerngebiet ist das Höftland, eine Sedimentationslandschaft aus gestaffelt angeordneten Strandwällen und Strandmooren, an die sich landeinwärts Steilufer, naturnahe Bachschluchten, hervorragende Quellbruch- und Auwaldkomplexe, Feuchtgrünlandanteile und Edellaubholzbuchenwälder anschließen.

Schutzgrund:
Sehr gut erhaltene Teillebensräume eines weitgehend geschlossenen Küstenökosystems, deren Verknüpfung beispielhaft durch heute noch ablaufende Erosions-, Sedimentations- und Moorbildungsprozesse im "Höftland" als neu entstehendes Landschaftselement sichtbar wird. Einziges von Fremdenverkehr, intensiver Freizeitnutzung und intensiver Landwirtschaft verschontes "Höftland" an der Schleswiger Ostseeküste. Vorkommen von Pflanzen und Tieren der Roten Liste in den vielfältigen Waldtypen und in den besonderen Vegetationsmustern der Strandwall-/Strandmoormosaike. Aktives Kliff bei Hohenau mit seltenen Aufschlüssen eines Kleinmoores sowie eemzeitlicher Zypridinentone.

Gefährdung:
Negative Auswirkungen durch Surf- und Segelbetrieb, Befahrung des Strandwalles, Trittschäden und Vermüllung nehmen zu; gleichfalls kürzlich intensivierte Weidegrünlandnutzung durch Entwässerung nasser quelliger Standorte; in Teilbereichen intensiv genutzte Wälder, z. B. Freischlagen eines Waldstreifens an der Steilküste. Beseitigung umgestürzter Bäume im Strandbereich; Campingplatzanlage in Höhe Siegumlund mit unangemessen aufwendiger und störender Infrastruktur; Müll und Bauschutt im Waldmoor (Biotop 1123/119).

Maßnahmen:
Den gesamten Bereich für KFZ sperren; Surf- und Segelbetrieb in die Bucht bei Bockholmwik verlegen; deren Intensität der Empfindlichkeit des Raumes anpassen; landwirtschaftliche Nutzung einschränken, ebenfalls die forstwirtschaftliche Nutzung; exponierte Waldbereiche (küstenparallel und entlang der berührten Bachschluchten) als Naturwald sich selbst überlassen.

zu Nr. 8: Höftland Bockholmwik

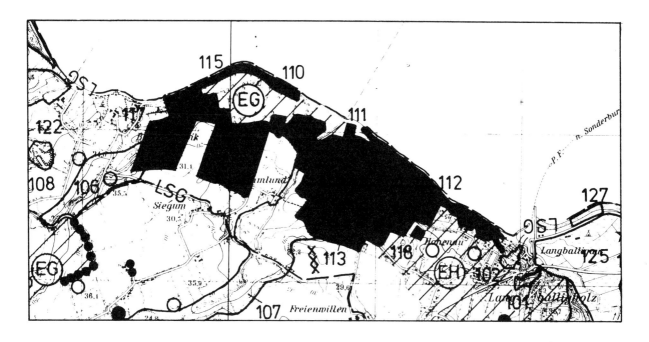

zu Nr. 9: Langballigau

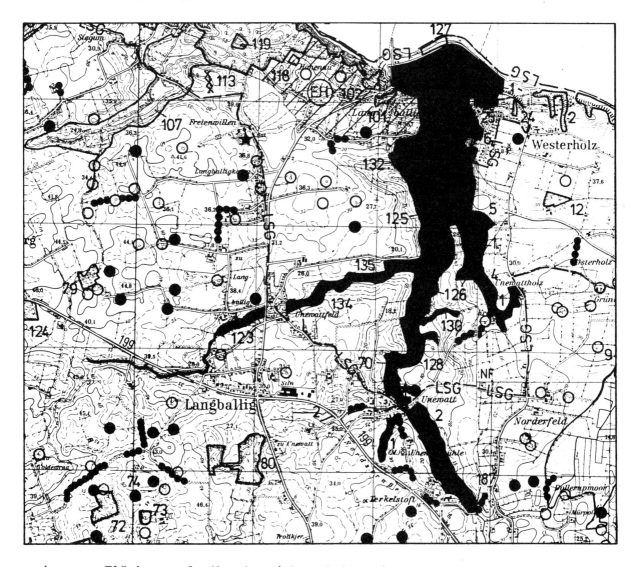

schwarze Flächen: als Kernbereich erfaßte Biotope

TK 25/Biotop-Nr.	NSG-Vorschlag	9

1123/70, 123,125,126, 128-135; 1223/1,2; 1124/1, 4-6, 25; 1224/187	<u>Langballigau</u>

Durch die Langballigau und zwei größeren Nebenbäche geprägtes, vielfältig verzweigtes Talsystem, das durch erschwerte Abflußbedingungen in die Ostsee und erheblichen Zustrom von Quell- und Sickerwasser aus den bis 30 m hohen Seitenhängen großflächig vermoort ist. Nur ein kleiner Teil des Niederungsgrünlandes wird noch landwirtschaftlich genutzt; verbreitet Erlenbruch-/Auwaldkomplexe als fortgeschrittene Sukzessionsstadien. Talhänge z. T. mit sehr seltenen Kalkbuchenwäldern.

Schutzgrund:
Für die Ostseeküste des Kreises typisches Erosionstal, in Größe, Erhaltungszustand und Vollständigkeit dieses Ökosystemtyps kreis- und landesweit einmalig. Guter Erhaltungszustand auch der beiden größeren und der vielen kleinen Nebenbäche und Seitentäler, dadurch fast 10 km langes, zusammenhängendes Fließgewässersystem. Vorkommen zahlreicher, landesweit gefährdeter Lebensgemeinschaften und eine ebenso seltene Tier- und Pflanzenwelt. Über 25 Pflanzenarten der Roten Liste, zahlreiche Insekten, Vögel und Amphibien der Roten Liste. Wikingerzeitliches Gräberfeld auf dem vorgelagerten Höftland.

Gefährdung:
Intensiver Ackerbau in der Umgebung; Beseitigen randlicher Kleinstrukturen; forstwirtschaftliche Intensivnutzung; Kultivierung von Nadelhölzern; Campingplatz auf dem vorgelagerten Höftland mit Gaststätten, Kiosken befahrbarem Strandwall und Parkplätzen; Zerschneidung des Tales durch die Straße Langballigholz/Westerholz; Bau zweier Klärwerke im Niederungsbereich mit biotopzerschneidendem und -zerstörendem Wegebau.

Maßnahmen:
Die in Form einzelner wissenschaftlicher Arbeiten und behördlicher Gutachten vorliegenden Informationen zu einem Gesamtkonzept zusammenfassen; Renaturierung des gesamten Talbereichs einschließlich der bisher noch geräumten und stark belasteten Au, der forstwirtschaftlich genutzten Hangwälder und der zahlreichen Seitentäler und Nebenbäche; Pflege einzelner Grünlandbereiche, die schon brachliegen oder demnächst brachfallen und ein ausreichendes Artenpotential aufweisen; Rückbau der Campingplatzanlagen und Verlegung auf attraktive Bereiche im Hinterland.

TK 25/Biotop-Nr.	NSG-Vorschlag	**10**
1124/3, 7, 8, 19-21	Steilküste Osterholz	

Eine optisch geschlossene Fördebucht mit weitgehend natürlicher Steilküste und fast ungestörten Sand- und Geröllstränden zwischen Westerholz und Dollerupholz. Angrenzend meist bäuerliche Kulturlandschaft mit Knicks und Grünland. Drei größere und mehrere kleine Bachschluchten unterschiedlicher naturnaher Ausprägung im Anschluß an die Steilküste mit teilweise natürlicher Übergangssituation.

Schutzgrund:
In Angeln einmalige Konstellation charakteristischer Küstenökosysteme, wenig gestörter Steilufer in intakter Kulturlandschaft. Sehr vielseitige Hangökosysteme, insbesondere im Übergangsbereich der Bachschluchten/Bäche in dem Küstenabbruch. Vorkommen seltener Pflanzenarten und Pflanzengesellschaften, u. a. Pestwurzfluren, Riesenschachtelhalm-Bestände und Kalkbuchenwaldmosaike.

Gefährdung:
Vom Rand her (ganz im Osten und im Westen) Störungen durch Fremdenverkehr und intensiveren Ackerbau. Im Gebiet einige Wochenendhäuser mit Privatzugang zum Strand. Vermüllung/Eutrophierung in Höhe "Seeklüft".

Maßnahmen:
Angeführte Störungen beseitigen bzw. minimieren. Angrenzende Äcker in Grünland umwandeln, breitstreifig parallel zur Küste extensiv bewirtschaften. Keine weitere Erschließung für den Fremdenverkehr. Zufahrtsmöglichkeiten im zentralen Bereich Osterholz erschweren. Langfristig Hochwasserdeich bei Mühlendamm (östlich, außerhalb des Gebietes) entfernen, angrenzende Niederung extensiv nutzen.

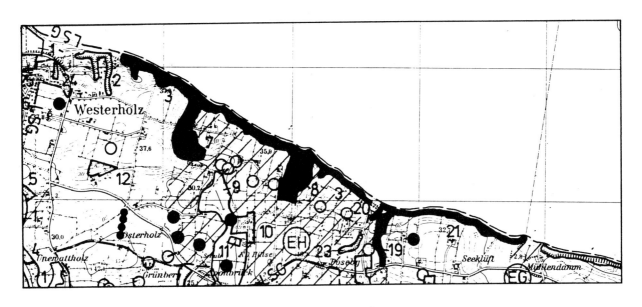

schwarze Flächen: als Kernbereich erfaßte Biotope

| TK 25/Biotop-Nr. | NSG-Vorschlag | 11 |

1220/6   Schafflunder Moor

Kleines, größtenteils abgetorftes Hochmoor im Molinia-Stadium mit regenerierenden Torfstichen. Einzelne Bereiche weisen Niedermoorvegetation mit schütteren Schilfbeständen auf.

Schutzgrund:
Ökologisch hochwertige Fläche mit zahlreichen Arten der Roten Liste, darunter einer von zwei sicher nachgewiesenen Standorten einer vom Aussterben bedrohten Art (Dactylorhiza sphagnicola). An einigen Stellen sind bemerkenswerte Moorlilien-Bestände zu finden.

Gefährdung:
Austrocknung durch randliche Gräben. Jagdliche Einrichtungen wie Wildacker und Futterstellen.

Maßnahmen:
Sehr vorsichtige Wiedervernässung anstreben.

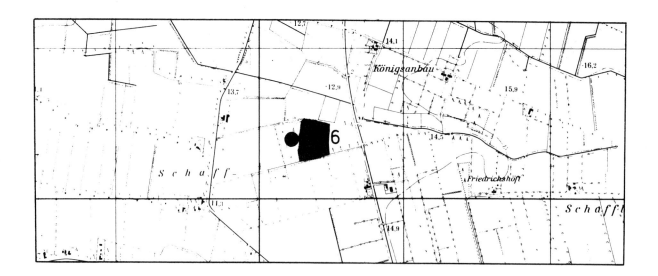

schwarze Flächen: als Kernbereich erfaßte Biotope

TK 25/Biotop-Nr.	*	NSG-Vorschlag	12
1221/3		Wallsbüller Kratt	

Größeres, zusammenhängendes Eichenkratt, das innerhalb der letzten 25 Jahre teilweise auf den Stock gesetzt wurde. Es sind die verschiedenen Altersstufen nebeneinander ausgebildet.

Schutzgrund:
Einer der letzten großflächigen Krattreste im Landesteil Schleswig mit gut erhaltener Krattflora. Neben dem NSG "Schirlbusch" ist diese historisch geprägte Waldform in dieser Geschlossenheit im Landesteil Schleswig nicht mehr anzutreffen. Am Südrand befindet sich ein Wildapfelbaum, der allein gesehen naturdenkmalwürdig ist.

Gefährdung:
Überalterung einzelner Parzellen.
Ausbreitung von Später Traubenkirsche im Süden.

Maßnahmen:
Es sollte eine vorsichtige krattgemäße Bewirtschaftung erhalten werden.

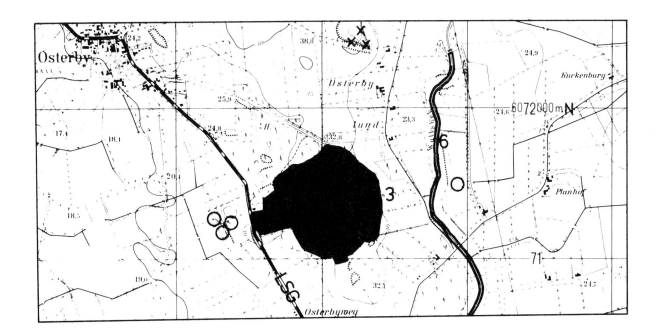

schwarze Flächen: als Kernbereich erfaßte Biotope

| TK 25/Biotop-Nr. | NSG-Vorschlag | 13 |

1221/5   Wallsbüller Strom

Talraum des "Wallsbüller Stromes" mit naturnah verlaufendem Bach, dessen Ufer durch Erlen befestigt sind. Im Talraum überwiegt ungestörte Niedermoorvegetation.

Schutzgrund:
Ein geschlossener Talraum mit fast ungestörter Niedermoor-Ausbildung findet sich in der weiteren, ausgeräumten, umgebenden Landschaft nicht mehr. In einem Teilbereich fällt ein Bestand des "stark gefährdeten" Rankendem Lerchensporn auf, der in dieser Größe für Schleswig-Holstein einmalig sein dürfte.

Gefährdung:
Unterhalb der nördlichen Hangkante ist auf einer Teilstrecke ein Wildacker angelegt worden.

Maßnahmen:
Wildacker beseitigen.
Ein langfristiger Umbau der umgebenden Nadelforsten in standortgerechte heimische Waldformen würde die Gesamtsituation verbessern.

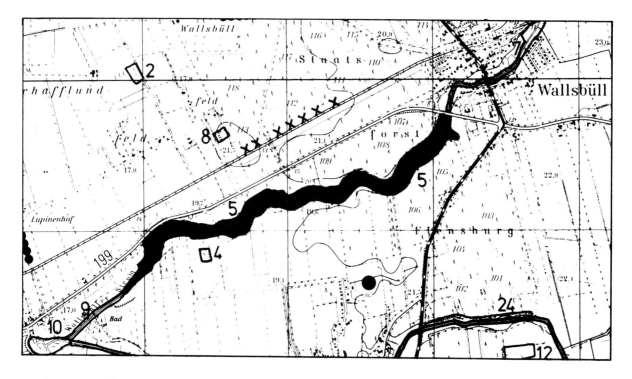

schwarze Flächen: als Kernbereich erfaßte Biotope

| TK 25/Biotop-Nr. | NSG-Vorschlag | 14 |

1222/28,30
1322/65,66

Treßsee und Umgebung
Erweiterung des NSG
"Am Treßsee"
(Biotop 1222/29)

Großflächiges Binnendünengebiet westlich des bestehenden NSG "Am Treßsee" und südlich angrenzende Grünlandniederung des Treßsee.

Schutzgrund:
Größtes zusammenhängendes Binnendünengebiet im Kreis Schleswig-Flensburg. Geologisch und ökologisch wertvoller Bereich, der an die bereits geschützten Binnendünen angrenzt.
Der mit einbezogene Treßsee ist eines der ornithologisch bedeutsamsten Gewässer nördlich der Schlei.

Gefährdung:
Teilweise Nivellierung der Dünen durch Ackerbau.
Nadelholzkulturen im bestehenden NSG.
Müllablagerungen.

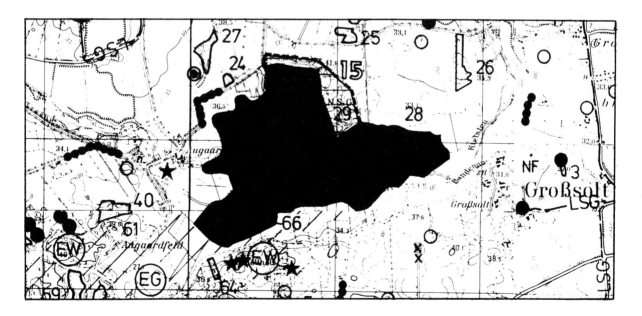

schwarze Flächen: als Kernbereich erfaßte Biotope

Abb. 47: Dünen am Treßsee, NSG-Vorschlag Nr. 14
(Erweiterung des bestehenden NSG)

TK 25/Biotop-Nr.   NSG-Vorschlag   15

1223/29, 43, 44   Winderatter See

Mittlere Größe mit ausgeprägter Verlandungszone mit Röhricht, Weidengebüsch und Niedermoorbereichen.

Schutzgrund:
Der im eiszeitlichen Tunneltal Winderatter See – Ausacker gelegene Niederungsbereich mit See ist ein noch relativ intaktes Niederungsökosystem. Es zeichnet sich durch überdurchschnittlich gut entwickelte Verlandungszonen aus, die sich durch eine frühere Seespiegelsenkung besonders weiträumig ausbilden konnten. Im Südwesten schließen Niedermoorflächen seltener Kalkmoorvegetation an den Röhrichtbereich an – ein Lebensraum seltener und gefährdeter Pflanzen und Tierarten wie Sumpfherzblatt, Flohsegge, Zittergras, Wundersegge, Zungenhahnenfuß, Knabenkräuter sowie verschiedene Amphibien- und Reptilienarten.

Gefährdung:
Intensivierung der landwirtschaftlich nutzbaren Flächen. Störung der Ufervegetation durch Wochenendhäuser. Gewässereutrophierung durch Düngereintrag aus der umliegenden Landwirtschaft. Entwässerung von Feuchtgrünlandbereichen durch tiefe Entwässerungsgräben.

Maßnahmen:
Extensivierung der umliegenden landwirtschaftlichen Flächen, Schließen der Entwässerungsgräben. Keine Ansiedlung von Wochenendhäusern.

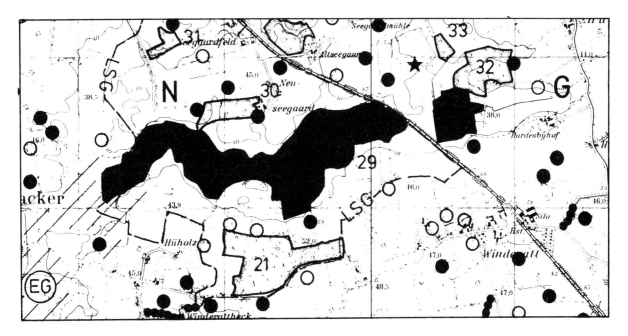

schwarze Flächen: als Kernbereich erfaßte Biotope

TK 25/Biotop-Nr.	*	NSG-Vorschlag	**16**

1224/1-9, 16-18, 20, 21   <u>Steinberger Au</u>

Ausgedehntes, früher von Ostseehochwassern überstautes Niederungsgebiet im Mündungsbereich der Steinberger Au. Kernbereich der Niederung ist ein größerer Bruch- und Auwaldkomplex (1, 2, 4), u. a. mit den wasserreichsten artesischen Quellen Angelns sowie locker bewaldeten Kalkquellmooren. Nach Norden schließen sich ausgedehnte Schilfröhrichte, Hochstaudenriede, brachgefallenes Feuchtgrünland mit eingestreuten Erlen- und Weidenbrüchen an. Im Süden überwiegt mehr oder weniger intensive Grünlandwirtschaft, untergliedert durch einzelne Erlenbrüche. In den Schutzvorschlag einbezogen werden zwei Schluchtwälder auf der Westseite des Talraumes und ein größerer für das Ost-Angler Küstengebiet typischer geophytenreicher Laubwald auf der Ostseite des Tales. Weiterhin gehören die Strandwallandschaft im Übergangsbereich zur Ostsee, die daran anschließende Steilküste mit der Landspitze bei Habernis sowie ein langgestrecktes Nebental mit naturnaher Bachschlucht zum NSG-Vorschlag.

Schutzgrund:
Größtes zusammenhängendes, naturnahes Niederungsgebiet an der Ostseeküste des Kreises. Bedeutende Restbestände natürlicher Vegetationstypen. Landesweit hervorragende Quellbiotope und Einzelquellen, seltenes Zusammenspiel von Brackwasser und kalkreichem Quellwasser als Grundlage einer hoch spezialisierten Flora und Fauna. Vorkommen zahlreicher Arten der Roten Liste.

Gefährdung:
Zunehmende Konflikte mit landwirtschaftlicher Intensivnutzung im Gebiet selbst (Grünlandumbruch, Drainagen) und in der unmittelbaren Umgebung; erhebliche wasserwirtschaftliche Eingriffe in die Wasserführung der Au und ihrer Nebenbäche; im Strandbereich erhebliche Einflüsse aus dem Fremdenverkehr (Campingplatz, Parkplätze, Strandmöblierung u. a.); Maisacker auf Strandwallflächen südlich der Straße Habernis-Neukirchen; Küstenschutzmaßnahmen an der Kliffküste vor Habernis; intensive Forstwirtschaft in angrenzenden Wäldern; landschaftsverändernde Flurbereinigungsmaßnahmen in und an angrenzenden Seitentälern.

Maßnahmen:
Großflächige Nutzungsextensivierung; Renaturierung der Fließgewässeröffnung der Hochwassersiele an der Aumündung; Verlegung des Campingplatzes; Renaturierung des Naturdenkmals "Quelle Predigtstuhl".

zu Nr. 16: Steinberger Au

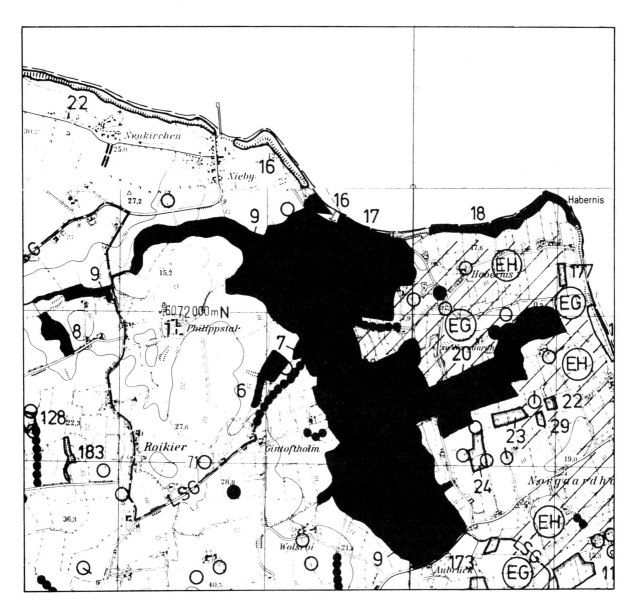

schwarze Flächen: als Kernbereich erfaßte Biotope

TK 25/Biotop-Nr.	NSG-Vorschlag 17
1224/26, 27	<u>Quellbruch Steinbergholz</u>

Artenreicher Ochideen-Quellbruch am Rande der Niederung der Steinberger Au mit artesischer Quelle.

Schutzgrund:
Die genannten, genetisch, ökologisch, zusammenhängenden Biotope sind durch wasserwirtschaftliche Eingriffe getrennt worden, so daß der ehemals nasse Quellbruch vollends auszutrocknen droht. In der Zusammenstellung artesische Quelle/Quellbruch, ein noch landesweit sehr seltener Lebensraum. Vorkommen seltener Pflanzenarten (mindestens 3 Arten der Roten Liste).

Gefährdung:
Wasserwirtschaftliche Eingriffe, zunehmend intensivere Landwirtschaft in der unmittelbaren Umgebung sind die Hauptgefährdungsfaktoren. Daneben führt die zunehmende Denaturierung der angrenzenden oberen Steinberger Au-Niederung zur ökologischen Isolation des Lebensraumes.

Maßnahmen:
Renaturierung nach hydro- und moorökologischen Gesichtspunkten; eine großzügig bemessene Pufferzone höchstens extensiv bewirtschaften; Gebiet naturnah mit dem vorgeschlagenen NSG Nr. 16 (unter Steinberger Au) verbinden.

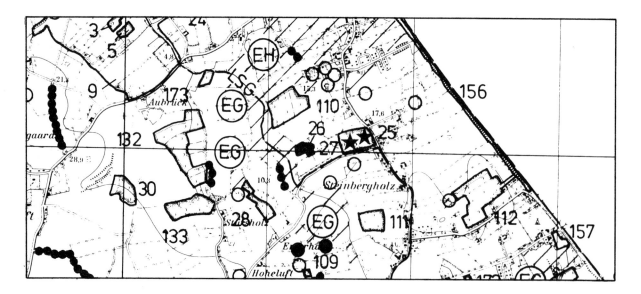

schwarze Flächen: als Kernbereich erfaßte Biotope

TK 25/Biotop-Nr.   NSG-Vorschlag   **18**

1224/37   Bachschlucht Boltoft

Gefällestrecke eines Nebenbaches der Lippingau in einem etwa 100 m breiten und 400 m langen tiefen Erosionstal. Natürlich mäandrierendes Fließgewässer mit weitgehend natürlichem Vegetationsbild. Steilhänge mit strukturreichem Laubwald (Buchen, Eschen, Erlen) bewachsen.

Schutzgrund:
Tief eingeschnittene Erosionstäler sind im östlichen Angeln an den Rändern der großen Talzüge nicht selten. Die Bachschlucht bei Boltoft ist unter dem Gesichtspunkt der Natürlichkeit das am besten erhaltene Beispiel im zentralen Angeln. Beeindruckend ist die Vielzahl unterschiedlicher Kleinlebensräume im Bachbett (sandige und steinige Abschnitte), am Bachufer (Steilhänge, Sandbänke, Wurzelhöhlen etc.) und in den Steilhängen (Querrippung durch rückschreitende Quellnischenerosion, sonnige und schattige Abschnitte, nackte Lehmwände - bewachsene Hänge). Auffallend hohe Artendichte durch die enge Verknüpfung von Ufer-, Quell- und Waldvegetation. Potentieller Lebensraum von Orchideen, Eisvogel, Wasseramsel, Höhlenbrütern.

Gefährdung:
Die ökologische Bedeutung im Fließgewässersystem wird durch wasserbauliche Veränderungen des Baches außerhalb des Biotopes eingeschränkt. Intensive Landwirtschaft - überwiegend Ackerbau größerer Höfe - gefährdet den Lebensraum direkt und indirekt. Erhebliche Müll- und Abfallbelastung vom angrenzenden Hof; im Nordteil intensive Beweidung durch Pferde, auch im Waldrandbereich.

Maßnahmen:
Beseitigung bzw. Minimierung der oben genannten Störungen; Erhöhung der biologischen Reinigungskraft des Gewässers im Oberlauf (Einzugsgebiet); Abrücken intensiver Randnutzungen (Ackerrandstreifen und ähnliches); offene, naturnahe Verbindung zum Quellgebiet (vermutlich u. a. Biotop 1224/85) und zur Lippingau.

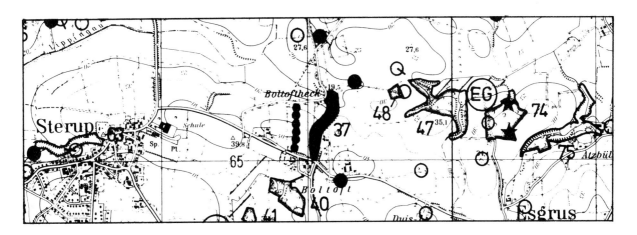

schwarze Flächen: als Kernbereich erfaßte Biotope

Tk 25/Biotop-Nr.	NSG-Vorschlag	**19**

1224/82	Großer Bauernwald bei Atzbüll

In traditionell genutzter, knickreich erhaltener Urlandschaftschaft Alt-Angelns eingepaßter, feuchter Flattergras-Buchenwald mit alten, traditionellen Nutzungsstadien; hervorragende innere Gliederung durch ein bewegtes Relief und mehrere alte Knickwälle mit durchgewachsenen Gehölzen, ausgeprägter vertikaler horizontaler Schichtung.

Schutzgrund:
Überdurchschnittlich ausgestatteter, teils extensiv genutzter, teils urwüchsiger Bauernwald. Ausgedehnte Naturverjüngungsphasen der dominierenden Baumarten Buche, Esche, Ahorn und Erle. Im Nordwestteil Naturwaldbereich, der ungestört aus einem Windbruch-Kahlschlag im Jahre 1967 hervorgegangen ist; hier z. Zt. beeindruckend urwüchsige niederwaldartige Waldkomplexe mit Esche, Hasel und Erle. Enthält alle charakteristischen Arten Ost-Angler Buchen-Eschenwälder.

Gefährdung:
Intensivierung der Nutzung, insbesondere in den seit mehr als 20 Jahren ungenutzten Waldbereichen; Abschlegeln der Waldränder.

Maßnahmen:
Förderung der Nichtbewirtschaftung, Kauf oder langfristige Pacht; Waldrandbildung mit geeigneten Mitteln fördern (z. B. Ackerrandstreifen); Waldentwicklung des Naturwaldanteils dokumentieren.

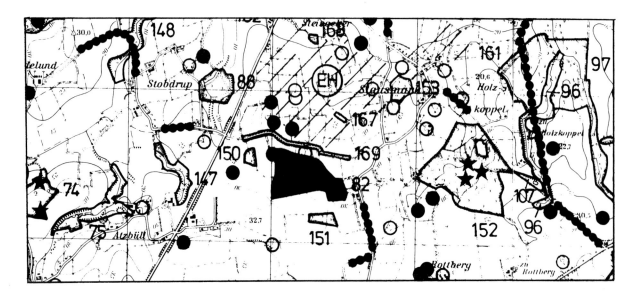

schwarze Flächen: als Kernbereich erfaßte Biotope

TK 25/Biotop-Nr. * NSG-Vorschlag 20

1123/39-41   Talniederung Schausende

Vielseitige Fördeküstenlandschaft zwischen Glücksburg und Holnis. Naturnah erhaltene Steilküsten-, Strandwall- und Bachniederungskomplexe.

Schutzgrund:
Einziger offener und weitgehend ungestörter Bachmündungs-/Strandmoor-/Strandwallkomplex an der Angler Ostseeküste. Vorkommen von landesweit und regional seltenen Pflanzenarten, u. a. Fieberklee und Schlangenlauch. Seltene Kalkquellmoorbereiche.

Maßnahmen:
Gewässer weiter sich selbst überlassen bzw. renaturieren; Talniederung im ganzen weiter extensiv nutzen, in Teilbereichen bestehende Nutzung einschränken; aktuelle Störungen, Sandabbau, Auffüllung, Zaunanlagen und gärtnerische Nutzung einiger Steilküstenabschnitte und anderes beseitigen.

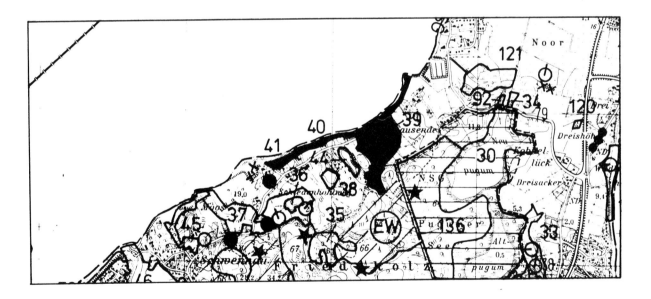

schwarze Flächen: als Kernbereich erfaßte Biotope

TK 25/Biotop-Nr.	NSG-Vorschlag	**21**
1224/152		<u>Wald bei Stausmark</u>

Reich gegliederter, vielseitiger, überwiegend feuchter, in der Baumschicht durch Buchen und Eschen bestimmter Laubmischwald in teilweise sehr naturnaher Ausprägung.

Schutzgrund:
Seltenes Beispiel für die weitgehend erloschene, individuelle und nach bäuerlichen Bedürfnissen ausgerichtete Waldkultur Angelns. Vorkommen charakteristischer Waldlebensgemeinschaften und seltener Arten (Frühlingsblüher, Orchideen) in einem kompakten, innen weitgehend ungestörten Waldkomplex. Zeugnisse alter Bauernkultur (Waldarbeiterkate, alte Geräte) und alter Besiedlung (Hügelgräber).

Gefährdung:
Kleine Fichtenbereiche und einzelne Neuaufforstung mit standortfremden Gehölzen (Lärchen, Pappeln); Zustand der Waldfließgewässer unbefriedigend; Waldrand gefährdet durch mehr oder weniger intensive Nutzung der Umgebung bzw. regelmäßiges Abschlegeln.

Maßnahmen:
Fichten und andere standortsfremde Gehölze entfernen, Naturverjüngung abwarten; im Nordteil Müll und Schrott entfernen; alte landwirtschaftliche Geräte in der Südwestecke sowie die Waldarbeiterkate im Naturschutzkonzept berücksichtigen; Waldrandbildung fördern (Ackerrandstreifen); Fließgewässerrenaturierung, auch außerhalb des NSG-Vorschlages.

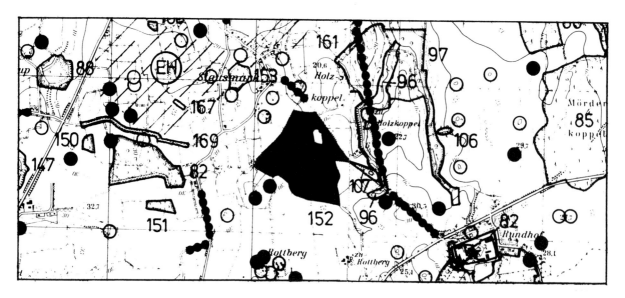

schwarze Flächen: als Kernbereich erfaßte Biotope

TK 25/Biotop-Nr.	NSG-Vorschlag	22

1225/5, 11-13, 29, 30, 65, 67, 68, 72, 73, 110, 111, 113, 114	Geltinger Birk (Erweiterung)

Zum Gesamtbiotopkomplex "Geltinger Birk" gehörende, z.Zt. aber noch außerhalb des bestehenden NSG gelegene naturnah erhaltene Nachbarbiotope.

Schutzgrund:
Herausragend schöne und seltene Arten und Lebensgemeinschaften reiche, im genetischen und ökologischen Zusammenhang des Gesamtlebensraumes besonders wichtige Bereiche. Hervorzuheben sind die an Kratts erinnernden Eichenmischwälder an der Ost- und Westküste der Birk mit ausgeprägter Windschnur, uralten Baumbeständen und einer charakteristischen, z. T. sehr seltenen Flora, die ehemalige Kliffküste mit vorgelagerten Quellbereichen sowie Teile der ausgedehnten Strandwalllandschaft. Weiterhin vorgeschlagen wird die Erweiterung des bestehenden NSG's im Bereich des Geltinger Noores, um eine naturnahe Entwicklung der Wald-/Noorsituation zu ermöglichen.

Gefährdung:
Nutzungsintensivierung; Störung von Vegetation und Vogelwelt durch intensive Beweidung am Noorufer; Zunahme von Randschäden durch angrenzend oft intensive Landwirtschaft.

Maßnahmen:
Vermeidung von Randschäden durch Zurücknahme der ackerbaulichen Nutzung; Umbau von nadelholzüberfrachteten Waldarialen zu naturnahen Waldtypen; extensive Beweidung von Teilen des Noorufers; Zulassung der freien Sukzession der an Wald grenzenden Noorufer.

zu Nr. 22: Geltinger Birk (Erweiterung)

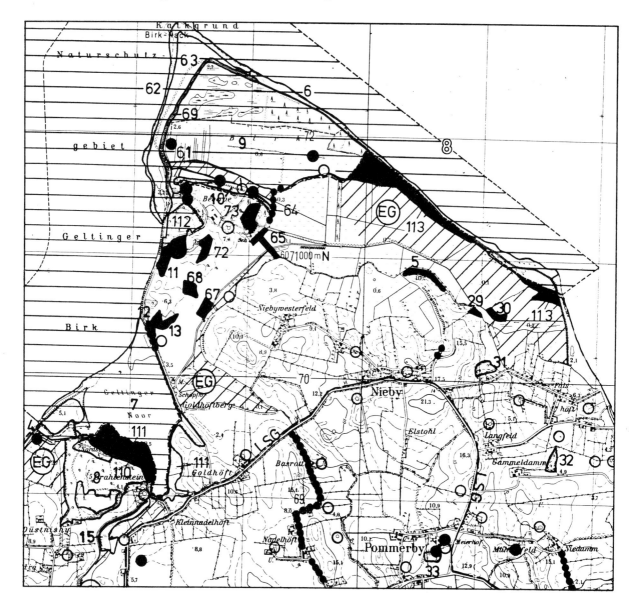

schwarze Flächen: als Kernbereich erfaßte Biotope

| TK 25/Biotop-Nr. | NSG-Vorschlag 23 |

1225/86   Bruchwald westlich
                                            Regelsrott

Quellnasser Erlen- und Birkenbruch, randlich in eichenreichen Staudeneschenwald übergehend.

Schutzgrund:
Bemerkenswerte überdurchschnittlich gut erhaltene Waldstruktur mit entsprechendem Totholzanteil, der charakteristischen Arten- und Gesellschaftsausstattung sowie dem hohen Anteil an Altbäumen mit schönen, ausladenden Kronen und reicher Epiphytenvegetation. In der Krautschicht seggenreiche Bestände (Spitz- und Walzensegge) sowie schöne Naßstaudenaspekte. Quellgebiet. Eines der letzten Beispiele fast ungestörter Naßwälder im östlichen Angeln.

Gefährdung:
Intensive Ackernutzung in der umnittelbaren Umgebung, insbesondere großflächige Grundwasserabsenkung, Düngereintrag und mechanische Randschäden; zu hoher Wildbesatz (Damwild, Sikahirsch).

Maßnahmen:
Verminderung/Beseitigung der aufgezählten Gefährdungsursachen; Renaturierung des Fließgewässersystems auch außerhalb dieses NSG-Vorschlages; Sicherung des Einzugsgebietes, vor allem im Hinblick auf Nähr- und Fremdstoffeintrag.

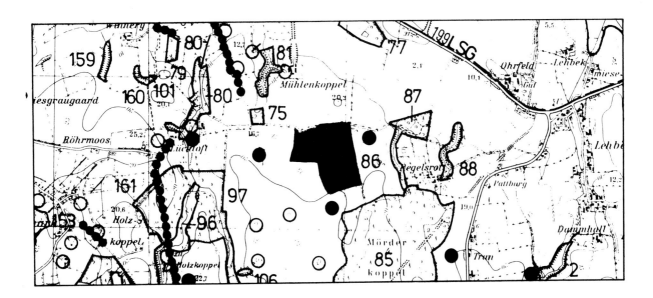

schwarze Flächen: als Kernbereich erfaßte Biotope

TK 25/Biotop-Nr.   NSG-Vorschlag   24

1321/30   Pobüller Bauernholz
                                                 (Erweiterung)

Weitgehend extensiv genutzter Laubmischwald mit fließenden Übergängen
von mageren Buchen-Eichen- und Eichen-Birken-Beständen bis zu frischen,
basenreichen Eichen-Erlen-Beständen.

Schutzgrund:
Totholzreicher, teilweise als Niederwald genutzter Laubmischwaldbereich mit
ökologisch wertvollen Astwald-Beständen.
Neben mageren, bodensauren Beständen mit typischer Krautschicht und
kleinen Torfmoos-Pfeifengrasflächen auch basenreiche Bestände mit Bärlauch
etc.

Gefährdung:
Veränderung der kleinflächigen, bäuerlichen Nutzung.
Nadelholzaufforstung.

Maßnahmen:
Extensive, kleinflächige Nutzung beibehalten.
Keine Entwässerung der feuchten Bereiche.

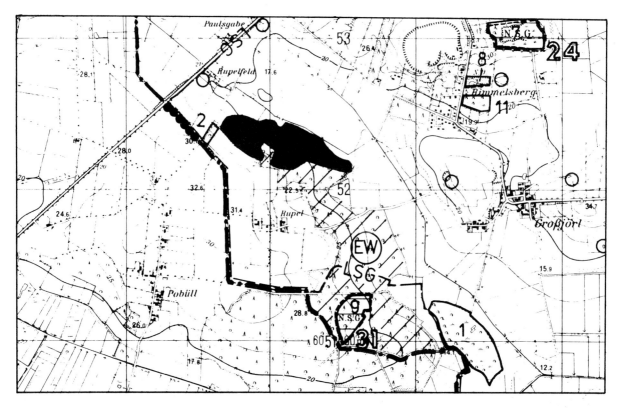

schwarze Flächen: als Kernbereich erfaßte Biotope

TK 25/Biotop-Nr.	NSG-Vorschlag 25
1225/85, 87, 88	Waldgebiet "Mörderkoppel" mit Bachschluchten

Größerer, vielfältig strukturierter Laub-Mischwaldkomplex im nordöstlichen Angeln. Hydrologisch eng verbunden mit nördlich anschließenden Bachschluchten und Schluchtwäldern.

Schutzgrund:
Vorkommen landschaftstypischer und an die feuchten Standortverhältnisse angepaßter Laubwaldgesellschaften. Niederwaldstadien mit Hasel, Esche und Erle in teilweise urwüchsig anmutenden Beständen. Abwechslungsreiches Waldbild durch die für Nordostangeln charakteristischen kleinräumigen Standortwechsel. Wald- und Bachschluchten als wichtige, gut erhaltene Reste sonst verlorengegangener Ökosystemzusammenhänge.

Gefährdung:
Nadelholzanteil im Wald "Mörderkoppel" um 5 %, hohe Wilddichte (Sika) führt zu erheblichen Schäden an der bodennahen Vegetation, Intensivierung der Forstwirtschaft, u. a. Entwässerung von Waldsümpfen, Aufforstungen, Herbizideinsatz. Müllablagerung in den Bachschluchten.

Maßnahmen:
Durch Ersatz von Nadelholzarten durch Laubholzarten und die Förderung noch vielfältigerer Waldtypen, insbesondere auch in Naturwaldzellen kann der Lebensraumwert noch erhöht werden.
Langfristig ist an die Wiederherstellung eines zusammenhängenden Wald-Ökosystems mit den nördlich anschließenden Bachschluchten sowie dem ebenfalls benachbarten Bruchwaldkomplex (NSG-Vorschlag Nr. 26) zu denken.

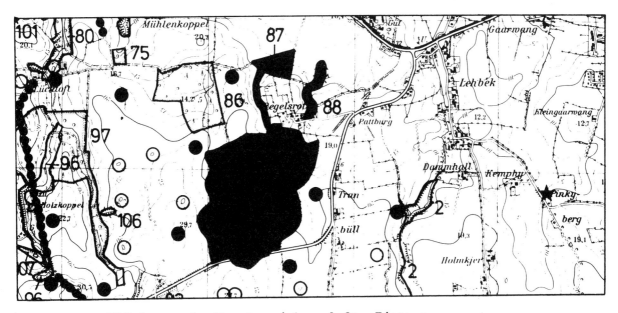

schwarze Flächen: als Kernbereich erfaßte Biotope

TK 25/Biotop-Nr.	NSG-Vorschlag	**26**

1225/51   Bauernwald Fehrenholz

Urtümlich "bunter" Bauernwald an der Ostküste Angelns mit den traditionellen, durch Extensivnutzung geprägten Waldbildern.

Schutzgrund:
Hervorzuheben ist der Niederwald-/Mittelwaldkomplex im Westteil mit bizarren Stockausschlägen der Hauptbaumarten Esche, Ahorn, Ulme und Hasel. Üppiger Geophytenflur, an feuchten Stellen mit Orchideenaspekten. Auffallend und selten ist die große Zahl der ungestört und mit schönen Kronen gewachsene Altbäume, darunter urtümliche Hainbuchen und Eichen.

Gefährdung:
Nutzungsintensivierung und üblicher Umbau zum Hochwald; Bachbegradigungen und -vertiefungen; Rundwanderweg mit im Sommer regem Besucherverkehr.

Maßnahmen:
Beibehaltung alter Waldnutzungsformen bzw. deren Wiederaufnahme; Renaturierung der Waldgewässer; Erhaltung der bizarren Altbäume; Erhaltung des dichten Knicknetzes der Umgebung; Besucherlenkung.

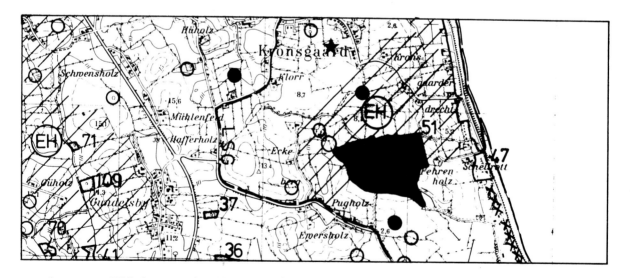

schwarze Flächen: als Kernbereich erfaßte Biotope

Abb. 48: Treenetal bei Tarp, NSG-Vorschlag Nr. 27

Abb. 49: Bollingstedter Au bei Kockholm, NSG-Vorschlag Nr. 27

| TK 25/Biotop-Nr. | * | NSG-Vorschlag | 27 |

1222/39
1322/6, 38, 44, 46, 47, 55, 62, 70
1421/19, 20
1422/18, 27   Treenetal-
1422/15-17, 19-21, 26, 36, 83, 84   Bollingstedter Au

Die Treene und Bollingstedter Au sind zusammenhängende Fließgewässersysteme in klar ausgeprägten Schmelzwasserrinnen im Bereich der Sander des Naturraumes Schleswiger Vorgeest. Ein kleiner Abschnitt des Treenetals bei Treia gehört zur hohen Geest.
Die Talbreite der Treene liegt zwischen 200 m und 500 m, bei der Bollingstedter Au zwischen 60 m und 150 m. Der Talboden besteht überwiegend aus An- und Niedermoor über Sand. Der Niederungsbereich wird fast ausschließlich als Grünland genutzt.

Schutzgrund:
Treene und Bollingstedter Au sind über weite Strecken unverbaute, natürlich mäandrierende Fließgewässer mit Prall- und Gleithängen. Die klar ausgeprägten Schmelzwasser-Talräume dieser Größe und unveränderter Erhaltung sind in Schleswig-Holstein von einmaliger Bedeutung.
In der Niederung und am Talhang kommen seltene, z.T. sehr seltene Pflanzenarten und -gesellschaften vor, wie Küchenschelle, Zittergras, Sumpfplatterbse, Rasensegge, Sumpfläusekraut, Kleinseggenrasen und Großlaichkräuter. Das Gebiet ist Lebensraum seltener und gefährdeter Tierarten, die z.T. möglicherweise hier ihr einziges Vorkommen haben: Fischotter, Fische, Eisvogel und Insekten. Die hohe strukturelle Diversität dieses Ökosystems spiegelt sich u.a. an dem vergleichsweise großen Spektrum von ungewöhnlich artenreichen Grünlandgesellschaften in der Niederung wieder.

Gefährdung:
Fichtaufforstungen und Ausbau der Talhänge; Gewässerausbau; Senkung des Wasserspiegels und größere Wasserstandsschwankungen. Intensive Beweidung und Eutrophierung der Grünlandbereiche; Störung der Uferbereiche. Grabungen und Kiesentnahme an den Talkanten.

Maßnahmen:
Gewässerausbau sollte unterbleiben. Maßvolle Durchführung von Unterhaltungsarbeiten. Extensive Bewirtschaftung der landwirtschaftlich genutzten Flächen. Zum Schutz des Küchenschellenstandortes ist der Prallhang an dieser Stelle in seiner bisherigen Dynamik in vollem Umfange zu erhalten. Entfernung der Nadelholzpflanzungen auf den Talkanten.

zu Nr. 27: Treenetal-Bollingstedter Au

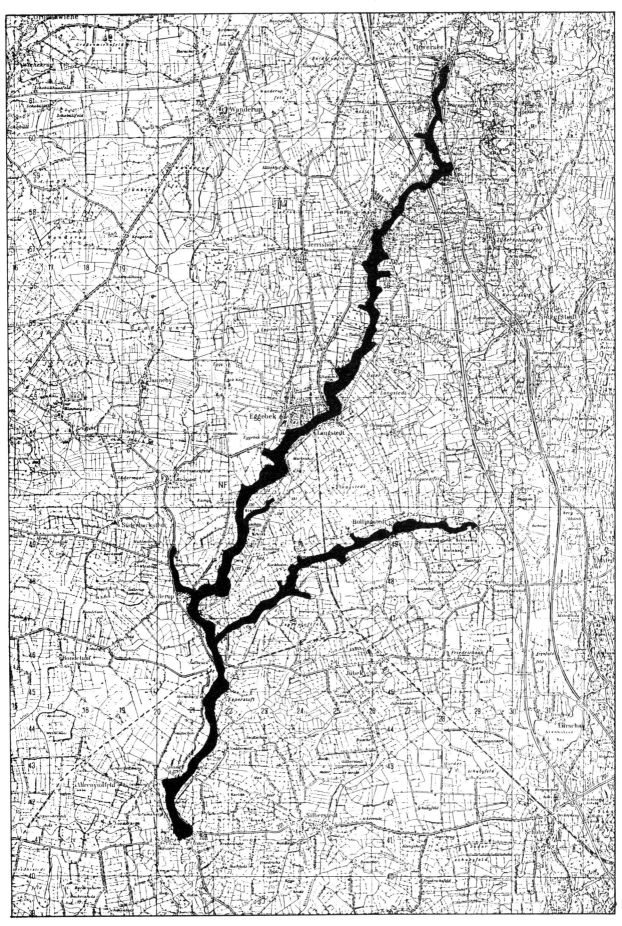

schwarze Flächen: als Kernbereich erfaßte Biotope

TK 25/Biotop-Nr.	NSG-Vorschlag	**28**

1322/49, 52-54   Ihlseestrom

Vielfältig strukturiertes Gebiet aus Flachmoor, Feuchtheide, Niedermoor, Quellhängen, Trockenrasen und bodenständigem Eichenwald mit fließenden Übergängen zu wertvollen Niedermoor-Grünlandbereichen.

Schutzgrund:
Die enge Verzahnung ökologisch hochwertiger Biotopflächen unterschiedlicher Ausprägung von Niedermoor mit Sumpfstaudenfluren und intakten Großseggenbeständen über standortgerechtem, gut erhaltenem Eichenmischwald bis zu Heidmoorflächen mit randlichen Übergängen zu Borstgrasrasen ist eine für den Naturraum typische, aber selten ungestörte erhaltene Formation. Hier sind Lebensräume seltener und z. T. sehr gefährdeter Pflanzengesellschaften und Pflanzenarten erhalten, wie z. B. Alpenhaarbinse, Mittlerer Sonnentau, Weißes Schnabelried, Geflecktes Knabenkraut, Fieberklee und sehr seltene Torfmoosarten.

Gefährdung:
Die Moorflächen sind durch die umliegenden intensiv genutzten landwirtschaftlichen Flächen stark durch Entwässerung und Düngereintrag gefährdet.
Aufforstung von Trockenrasen und Niedermoorflächen mit standortgerechten Gehölzen.

Maßnahmen:
Intensivierung der umliegenden landwirtschaftlichen Nutzflächen. Intensive Beweidung der Kleinseggenbereiche und des Eichenhutewaldes.

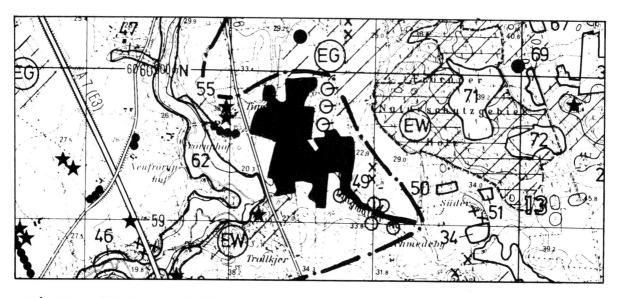

schwarze Flächen: als Kernbereich erfaßte Biotope

TK 25/Biotop-Nr.	NSG-Vorschlag	29

1322/8   Bollingstedter Moor
1422/28

Ein abgekaufter großflächiger Hochmoorrest mit erhaltenswerten Strukturen und vielfältigen Vegetationsformen.

Schutzgrund:
In dem teilweise wiedervernäßten Hochmoorrest sind alle Stadien typischer Moorvegetation in unterschiedlichen Entwicklungsstadien nach Degradation vorhanden.
Lebensraum vieler seltener und gefährdeter Pflanzen- und Tierarten, wie Großer Brachvogel, Bekassine, Sturmmöwenkolonie, Kreuzotter, Ringelnatter, Libellen, Rosmarinheide.

Gefährdung:
Entwässerung durch umliegende, landwirtschaftlich genutzte Flächen, Düngereintrag. Schafbeweidung der Randbereiche.

Maßnahmen:
Extensivierung der umliegenden landwirtschaftlichen Nutzflächen.

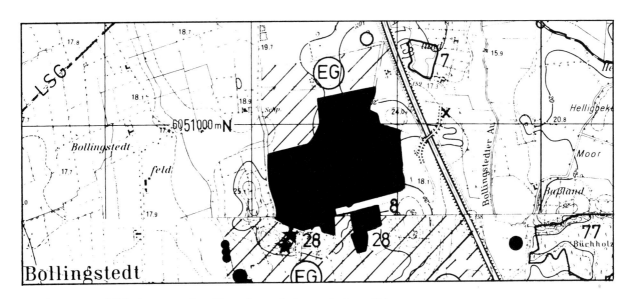

schwarze Flächen: als Kernbereich erfaßte Biotope

TK 25/Biotop-Nr.	NSG-Vorschlag	**30**

1324/44 <u>Os bei Süderbrarup</u>
(Erweiterung)

Grünland- und Niedermoorflächen im Randbereich eines Oses.

<u>Schutzgrund:</u>
Einbeziehung vor allem der hochwertigen Grünland- und Niedermoorbereiche (einschl. Teich- und Weidengebüsch) südlich und östlich des bereits unter Schutz stehenden Oses mit Vorkommen von mindestens 12 gefährdeten Pflanzenarten der Roten Liste. Notwendiger Umgebungsschutz für das eigentliche Os.

<u>Gefährdung:</u>
Beweidung, Entwässerung.

<u>Maßnahmen:</u>
Extensive Nutzung.

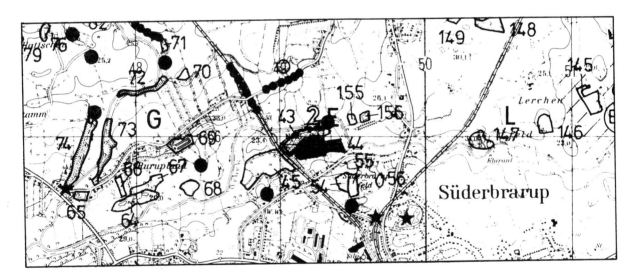

schwarze Flächen: als Kernbereich erfaßte Biotope

TK 25/Biotop-Nr. * NSG-Vorschlag 31

1521   Wildes Moor bei
                                               Schwabstedt

Das Gebiet repräsentiert einen für die Bundesrepublik Deutschland einmaligen Landschaftsteil, der zwar anthropogen überformt, aber dennoch von hohem ökologischen Wert ist. Kern ist der Rest eines atlantischen Hochmoores, an den sich Niedermoor- und Flußmarschbereiche mit stark mäandrierendem Fließgewässer anschließen.
Im Kreis Schleswig-Flensburg liegen lediglich die äußersten östlichen Randbereiche.

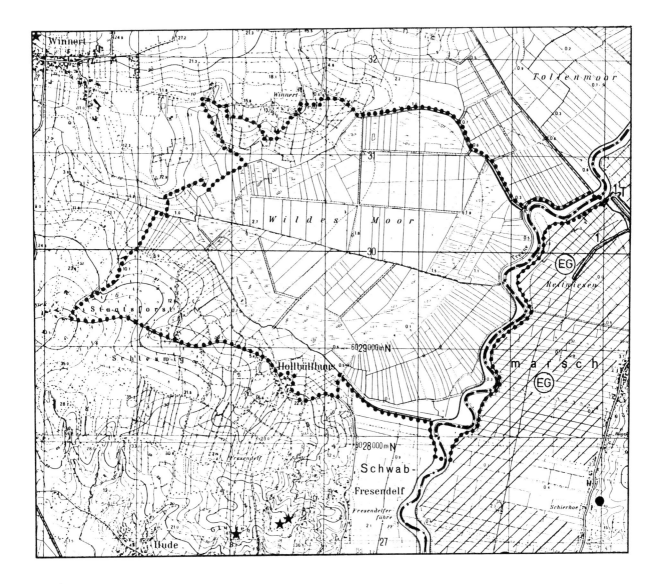

•••••• : Abgrenzungsvorschlag des Landesamtes

| TK 25/Biotop-Nr. | * | NSG-Vorschlag | 32 |

1421/18   Laubmischwald im
                                     Süderhackstedtfeld

Großer zusammenhängender Laubmischwaldbereich südlich Süderhackstedt mit z. T. geringer Nutzungsintensität.

Schutzgrund:
Bodenständiger Laubmischwald am Rande der Bredtstedt Husumer Geest mit fließenden Übergängen von mageren, trockenen Standorten mit Eichen, Pfeifengras und Adlerfarn zu nassen, nährstoffreicheren Eschen-Ulmen-Erlen-Standorten mit krautreicher Bodenflora.
Lebensraum seltener und gefährdeter Pflanzen wie Stechpalme, gewöhnliche Waldhyazinte, Wiesenschachtelhalm und Rosenmoos.

Gefährdung:
Neuaufforstung mit standortfremden Gehölzen.

Maßnahmen:
Keine Intensivierung der Nutzung, Belassen von Totholz im Wald.
Umtriebsweise Ersatz der Nadelhölzer durch bodenständige Laubholzarten.

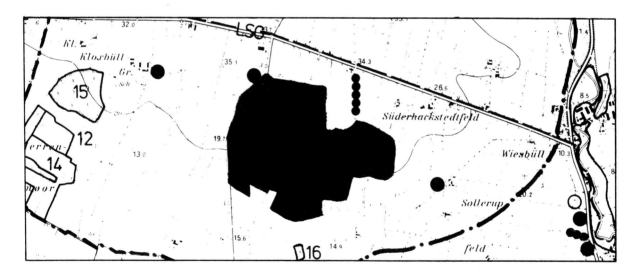

schwarze Flächen: als Kernbereich erfaßte Biotope

| TK 25/Biotop-Nr. | NSG-Vorschlag | 33 |

1123/13;
1223/82

Blixmoor

Degradiertes, wiedervernäßtes Hochmoor am Nordostrand eines größeren Waldgebietes. Beherrschende Biotoptypen sind Bultschlenken-Regenerationskomplexe, Schwingrasen und regenerierende Torfstiche, im Übergang zum Wald Moorbirken-, Erlenbruch- und Eichen-Birkenwälder.

Schutzgrund:
Im nördlichen Angeln einziger Restmoorkomplex mit Vorkommen charakteristischer und seltener Lebensgemeinschaften und -arten. Schöne Übergänge zu den wenig genutzten Feucht- und Naßwäldern der Umgebung.

Gefährdung:
Hauptgefährdung durch Eutrophierung aus nordöstlich angrenzender Landwirtschaft; Störung durch Wanderer (ungünstige Wegeführung) sowie großräumiger Fremdstoffbelastung und Grundwasserabsenkung.

Maßnahmen:
Für weitere Renaturierungsmaßnahmen entsprechendes NSG-Konzept erstellen; ausführliche Entwürfe liegen in Form einer Examensarbeit vor (Kalusche).

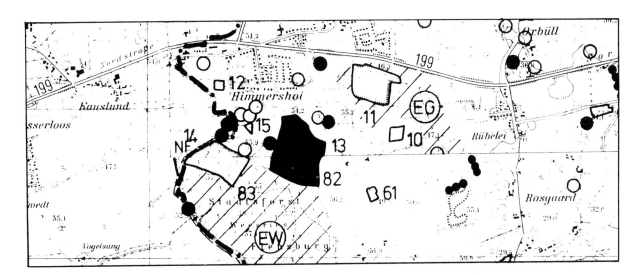

schwarze Flächen: als Kernbereich erfaßte Biotope

TK 25/Biotop-Nr.	NSG-Vorschlag	**34**

1422/5   Laubmischwald "Rumbrandt"

Kerlöh/Rumbrand ist ein großer, zusammenhängender Buchenmischwald am Rande der Bredtstedt Husumer Geest.

Schutzgrund:
Ein vielfältig strukturierter, bodenständiger Buchenmischwald mit trockeneren, bodensauren Eichenadlerfarnbereichen, Perlgrasbuchenwald und feuchteren Standorten mit frischen, krautreichen Eschenerlenbeständen; ein Lebensraum einer großen Zahl von Waldpflanzengesellschaften in guter, artenreicher Ausprägung.
Der Verlauf der Rumbrandtau von Nord nach Süd erhöht mit enger Verzahnung von Uferröhricht, Weidengebüsch und Waldgesellschaften die ökologische Vielfalt in dem Gebiet.

Gefährdung:
Intensive forstliche Nutzung und Aufforstung mit nicht standortgerechtem Nadelholz.

Maßnahmen:
Schonende naturgemäße Bewirtschaftung, Belassen von absterbenden Bäumen und Totholz in dem Gebiet.

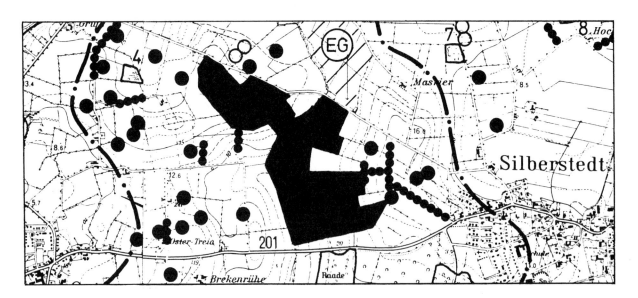

schwarze Flächen: als Kernbereich erfaßte Biotope

Abb. 50: Ihlseestrom, NSG-Vorschlag Nr. 28

Abb. 51: Moor am Nordrand des Idstedtholz, NSG-Vorschlag Nr. 35

TK 25/Biotop-Nr.	NSG-Vorschlag 35
1423/59, 60	Moor am Nordrand des Idstedtholz

Langgestrecktes kleines Moor mit im Westen größeren wassergefüllten Torfstichen. Größere Hochmoorregenerationskomplexe. Übergangsbereiche mit Zwischenmoorvegetation. Hinzu kommen Pfeifengras- und Birkenstadien des Hochmoores.

Schutzgrund:
In sich stark verzahnter, insgesamt sehr wertvoller Biotopkomplex. Regional sehr selten. Lebensraum zahlreicher gefährdeter Pflanzen- und Tierarten.

Gefährdung:
Beweidung (in Teilbereichen).

Maßnahmen:
Beweidung einstellen. Am Nordrand ungenutzte Pufferzonen schaffen.

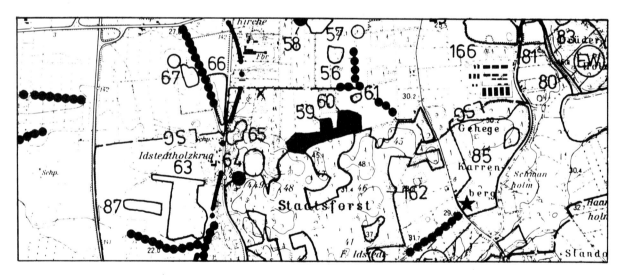

schwarze Flächen: als Kernbereich erfaßte Biotope

TK 25/Biotop-Nr.	NSG-Vorschlag	**36**

1424/121, 128, 129, 141   <u>Gunnebyer Noor</u>

Noor der Schlei mit den größten zusammenhängenden Salzwiesen und angrenzenden Feuchtgrünlandflächen. Am Südrand kleiner Nehrungshaken.

<u>Schutzgrund:</u>
In dieser Kombination und Größe einmaliger Biotopkomplex auf Kreisgebiet Schleswig-Flensburg, der gleichzeitig Lebensraum mehrerer gefährdeter Pflanzenarten ist und hervorragende Entwicklungsmöglichkeiten bietet.

<u>Gefährdung:</u>
Beweidung, Entwässerung, Umwandlung Grünland in Acker, Biozid- und Düngereintrag aus angrenzenden landwirtschaftlichen Flächen.

<u>Maßnahmen:</u>
Umbruch vermeiden, Extensiv-Beweidung, Entwässerung einstellen, Pufferzonen zu intensiv genutzten Flächen schaffen.

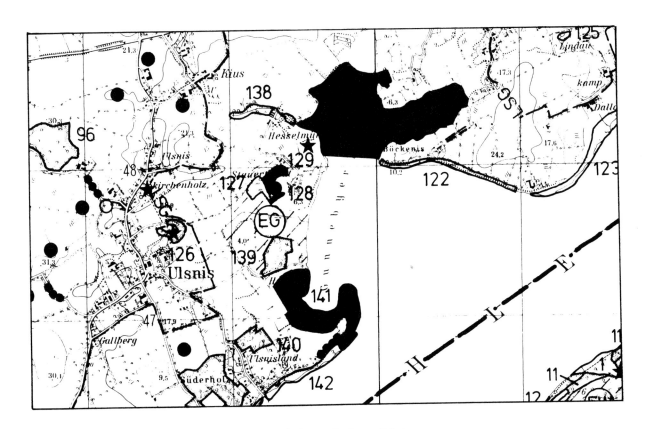

schwarze Flächen: als Kernbereich erfaßte Biotope

TK 25/Biotop-Nr.	NSG-Vorschlag	**37**

1424/59, 106, 107, 137   <u>Brodersbyer Noor</u>

Noor der Schlei mit größeren brachliegenden Flächen. Neben typischen Salzwiesen mit Übergängen zu Feuchtwiesen sind Quellbereiche und größere Seggen- und Hochstaudenfluren vertreten.

<u>Schutzgrund:</u>
Einziges Noor der Schlei auf Kreisgebiet Schleswig-Flensburg mit größeren brachliegenden Flächen. Lebensraum zahlreicher gefährdeter Tier- und Pflanzenarten.
Beispielhafte Parallelentwicklung von genutzten und ungenutzten Salzwiesenstandorten.

<u>Gefährdung:</u>
Nährstoff- und Biozideintrag von angrenzenden landwirtschaftlichen Nutzflächen.

<u>Maßnahmen:</u>
Schaffung ungenutzter Pufferzonen, Extensivbeweidung der Salzwiesen.

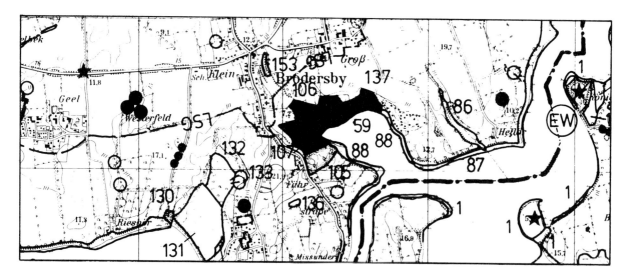

schwarze Flächen: als Kernbereich erfaßte Biotope

TK 25/Biotop-Nr.	NSG-Vorschlag	**38**

1521/26	Laubmischwald an der Steenwallholter Bek

Großflächiger, naturraumtypischer Bucheneichenmischwald auf trockenen bis wechselfeuchten Standorten.

Schutzgrund:
Reich strukturierter Bucheneichenmischwald auf sandigem bis anmoorigem Geestboden am Rande der Treeneniederung. In der Krautschicht befinden sich bedrohte Florenelemente wie Waldknabenkräuter, dichte Bestände der Waldheimsimse und die Stechpalme. Im Süden liegt ein hochwertiges Kleingewässer.

Gefährdung:
Aufforstung mit standortfremden Gehölzen wie Fichten. Entwässerung durch tiefe, ausgeräumte Gräben. Intensive forstliche Nutzung.

Maßnahmen:
Extensive Nutzung. Belassen von Totholz und Windbruch im Wald; Umwandlung von Nadelgehölzen in standortgerechte Laubholzarten. Schließung der Hauptentwässerungsgräben.

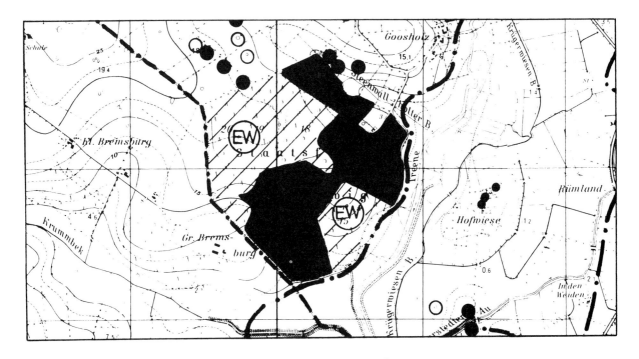

schwarze Flächen: als Kernbereich erfaßte Biotope

TK 25/Biotop-Nr.	NSG-Vorschläge	39

1522/41   Kalkquellmoor bei
                                                 Klein Rheide

Kleines Kalkquellmoor bei Kleinreide mit Weidengebüsch, Binsen- und Seggenriede.

Schutzgrund:
Ein für den Naturraum einzigartiges Kalkquellmoor mit hierfür typischen, seltenen Vegetationseinheiten. Ein Lebensraum schützenswerter Niedermoorarten wie Sumpfherzblatt, Sumpfdreizack, Igelsegge, Zittergras, Spitzblütige und Stumpfblütige Binse.

Gefährdung:
Intensive Beweidung, Entwässerung durch umliegende landwirtschaftlich genutzte Flächen, Verbuschung durch Weiden.

Maßnahmen:
Extensive Beweidung beibehalten; Ausdehnung des Weidengebüsches verändern.

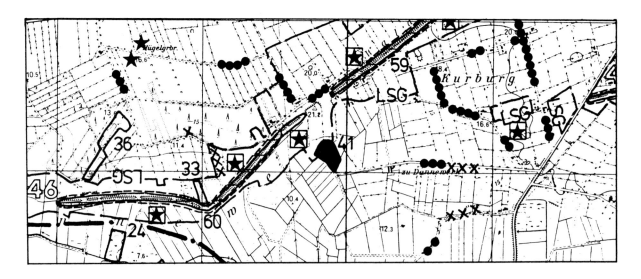

schwarze Flächen: als Kernbereich erfaßte Biotope

TK 25/Biotop-Nr.	NSG-Vorschlag	**40**

1423/31	Busdorfer Tal
1523/46, 47, 52	

Gletschertor der Schlei mit anschließendem Tal mit in dieser Form einzigartiger Biotopausstattung.

Schutzgrund:
Herausragende geologisch und geomorphologisch beispielhafte eiszeitliche Landschaftsform mit sehr hoher Reliefenergie und in dieser Kombination einzigartiger Biotoptypenausstattung mit großem Weiher, Röhrichten, großflächigen Weidengebüschen, naturnahem Bach und bachbegleitendem Erlenbruch, Feucht- bis Naßgrünland im Talgrund und großflächig Magerrasen auf den steilen Talhängen. Vorkommen zahlreicher gefährdeter Pflanzenarten.

Gefährdung:
Akut z. Zt. nicht erkennbar.

Maßnahmen:
Beibehaltung bzw. Ausweitung der extensiven Grünlandnutzung.

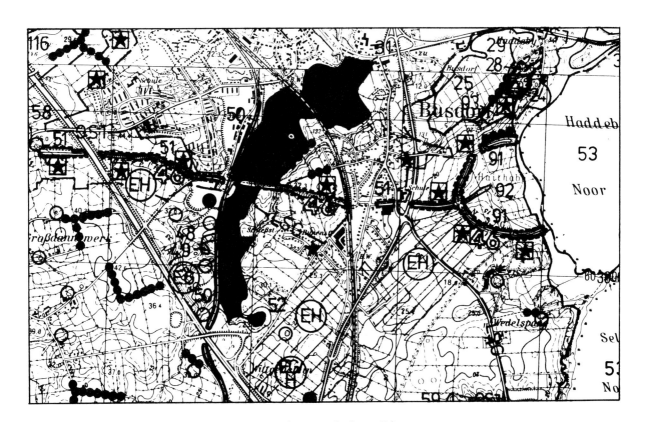

schwarze Flächen: als Kernbereich erfaßte Biotope

TK 25/Biotop-Nr.	NSG-Vorschlag	**41**

1423/30 Haddebyer/Selker Noor
1523/53, 88, 90

Gletschertor der Schlei bei Haddeby/Selk mit dem Haddebyer und Selker Noor.

Schutzgrund:
Herausragende geologische und geomorphologische beispielhafte eiszeitliche Landschaftsform mit hervorragender Ausstattung. Am Nordostufer des Haddebyer Noores bei Loopstedt Eem-Interglazial-Vorkommen mit Seltenheitswert im Verbreitungsgebiet weichseleiszeitliche Ablagerungen.
Wertvolle Grünlandbereiche (kleinflächig am Westrand und im östlichen Seitental, großflächig im südlichen Bereich), auf den Steilhängen kleine gut bis sehr gut strukturierte Hangfeuchtwälder und bodensaure Hangbuchenwälder sowie Trockenhänge. Lebensraum zahlreicher gefährdeter Tier- und Pflanzenarten.

Gefährdung:
Zunehmende (?) Erschließung und Intensivierung der Erholungsnutzung, Entwässerung.

Maßnahmen:
Erschließungseinrichtungen für Erholungsnutzung auf jetzigem Niveau einfrieren, gezielte Lenkung der Erholungssuchenden. Entwässerung einstellen, extensive Grünlandnutzung.

zu Nr. 41: Haddebyer/Selker Noor

schwarze Flächen: als Kernbereich erfaßte Biotope

| TK 25/Biotop-Nr. | * | NSG-Vorschlag | **42** |

1521/9
1621/67, 69, 74

Buchenmischwald bei
Bergenhusen

Großer zusammenhängender Buchenmischwaldbereich auf dem Geestrücken bei Bergenhusen.

Schutzgrund:
In der Stapelholmer Geest und Niederungslandschaft einzigartig von der Größe und Ausstattung erhaltener Buchenmischwald mit fließenden Übergängen zu Bucheneichenbeständen und Eschenbereichen. In der Krautschicht finden sich seltene Beerlauchbestände und die stark gefährdete Frühlingsplatterbse.

Gefährdung:
Intensive Waldnutzung, Fichtenaufforstungen.

Maßnahmen:
Extensive Waldnutzung; Herausnahme standortfremder Gehölze und Ersetzen durch bodenständige Laubholzarten.

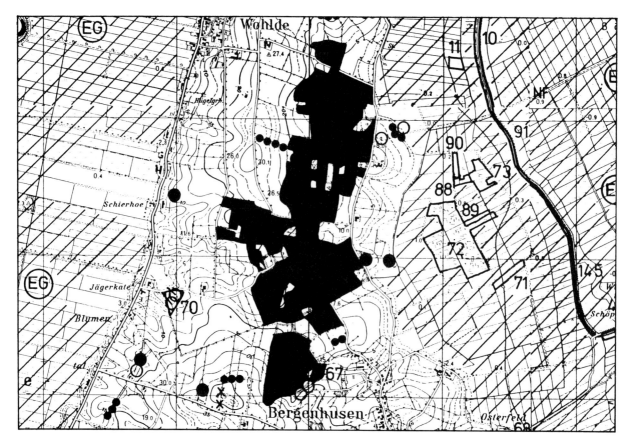

schwarze Flächen: als Kernbereich erfaßte Biotope

| TK 25/Biotop-Nr. | * | NSG-Vorschlag | 43 |

1621/7-13, 30
1622/37-38, 52-65, 67-77, 97, 98, 100, 101
1722/79, 94-102

Niederungsbereich
Alte Sorge

Ein vom Flußlauf der Alten Sorge geprägter Niederungsbereich mit den Hochmooren Südermoor, Colsrockmoor, Tielener Moor und der Flußmarsch zwischen Tielener Moor und Eider.

Schutzgrund:
Der Niederungsbereich ist selten in seinem Erhaltungszustand und typisch für den gesamten Naturraum. Der Flußlauf der Alten Sorge verläuft landschaftsprägend mit hervorragend ausgebildeten Mäandern. Seine Randbereiche sind charakterisiert durch fließende Übergänge von Röhricht, Seggenbeständen, Niedermoorbereichen und Feuchtgrünland, im Tielener Koog von intensiv genutzten Flußmarschengrünland mit seltenen Pflanzenarten und -gesellschaften.
Die angrenzenden Hochmoorbereiche sind teilweise mit hochwertigen Flächen mit natürlichem Bulkenschlenkenwachstum ausgestattet; teilweise sind hochmoortypische Strukturen und Vegetationsformen in unterschiedlichen Entwicklungsstadien nach Degradation erhalten.
Das Gebiet ist Lebensraum seltener und gefährdeter Pflanzengesellschaften und -arten wie Königsfarn, Weißes Schnabelried, Ehrenlilie, Mittlerer Sonnentau, Tannenwedel, Fieberklee, Klappertopf, Traubentrespe und Krebsschere; es ist wichtiges Brutnahrungs- und Rückzugsbiotop für Watvögel, Wiesenweihe, Weißstorch und dem Otter.

Gefährdung:
Intensivierung der landwirtschaftlich genutzten Flächen. Wasserbauliche Maßnahmen. Wegebau im Rahmen der Flurbereinigung. Entwässerung und Düngereintrag durch die umliegenden landwirschafltichen Nutzflächen.

Maßnahmen:
Extensivierung der landwirtschaftlichen Nutzflächen. Keine Veränderung der Grundwasserverhältnisse. Wassereinstau und Regenerationsmaßnahmen in den Moorbereichen.

zu Nr. 43: Niederungsbereich Alte Sorge

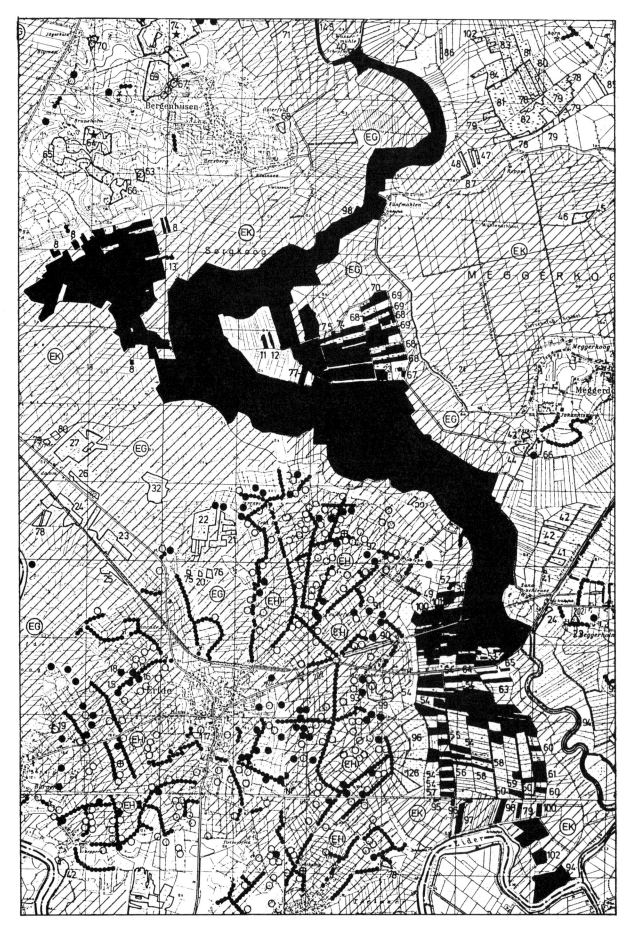

schwarze Flächen: als Kernbereich erfaßte Biotope

| TK 25/Biotop-Nr. | * | NSG-Vorschlag | 44 |

| 1622/107-112, 122, 124, 125, 128-137 | Tetenhusener Moor (Erweiterung) |

Randbereiche des Hochmoores bei Tetenhusen, z. T. als Grünlandflächen genutzt, z. T. abgetorfte Pfeifengrasflächen mit Weidengebüsch.

Schutzgrund:
Einige Flächen mit moortypischen, erhaltenswerten Strukturen befinden sich im Norden und Osten des NSG; vielfach zu trocken und von Pfeifengras geprägt. Daneben sind Moorgrünlandflächen mit aus der Nutzung erwachsenen Vegetationsformen wie Kleinseggenrieder und Feuchtgrünland unterschiedlicher Ausprägung für die Randbereiche wichtige Pufferflächen, die bei extensiver Bewirtschaftung der Entwässerung des Schutzgebietes durch die umliegenden Landwirtschaftsflächen vorbeugen können.

Gefährdung:
Entwässerung durch die umliegenden landwirtschäftlichen Nutzflächen. Düngereintrag durch Landwirtschaft und Beweidung.

Maßnahmen:
Extensive Nutzung, Schließen der Entwässerungsgräben.

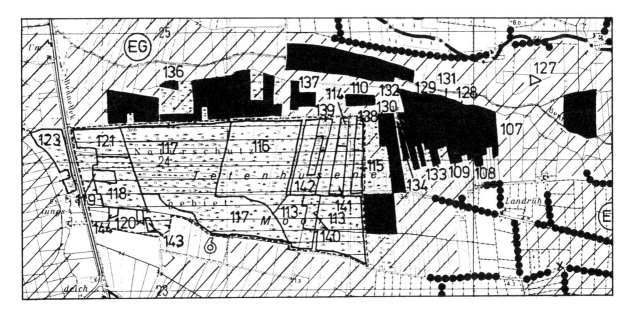

schwarze Flächen: als Kernbereich erfaßte Biotope

| TK 25/Biotop-Nr. | * | NSG-Vorschlag | 45 |

1621/33-47 Süderstapeler Westerkoog
 82 u. 83

Norddeutsche Stromlandschaft mit ausgedehnten Talniederungsbereichen, größtenteils als extensives Grünland genutzt, teilweise noch als Niedermoorfläche erhalten.

Schutzgrund:
Der Süderstapeler Westerkoog enthält alle charakteristischen Merkmale einer extensiv genutzten Grünlandniederung mit großem Anteil von natürlichen Flächen (Niedermoor). Das Gebiet ist darüber hinaus von herausragendem Wert, da es eine wertvolle Artenzusammensetzung beherbergt, die selten ist (Wiesenvögel und andere Vogelarten in hoher Dichte, Pflanzenarten der Roten Liste, höhere Vielfalt solcher Art im Vergleich zu sonstigen Grünländereien der Niederung). Die Auswahlkriterien für ein Gebiet gesamtstaatlich repräsentativer Bedeutung sind für diesen Ausschnitt einer norddeutschen Stromlandschaft erfüllt. Die Flächen sind z. T. als geschützte, ungenutzte Moorflächen (§ 11 LPflegG) und als "Sonstiges Feuchtgebiet" (vgl. § 7 Abs. 1, § 8 Abs. 3 LPflegG) anzusehen.

Gefährdung:
Intensivierung der Grünlandnutzung. Absenkung des Wasserstandes. Wegeausbau.

Maßnahmen:
Rückverlegung des Deiches und Einschwingen der Eiderwasserstände. Extensivierung als Übergangsregelung (vgl. Bericht LN vom 30.11.1987).

zu Nr. 45: Süderstapeler Westerkoog

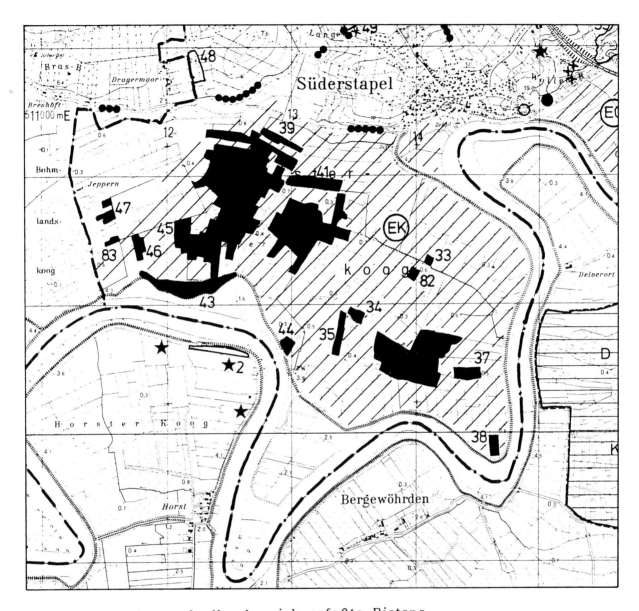

schwarze Flächen: als Kernbereich erfaßte Biotope

TK 25/Biotop-Nr.	NSG-Vorschlag	**46**

1423/64   Grünlandniederung
                                                 "Idstedtwege"

Größerer aus der Nutzung genommener Talraum mit großflächigen feuchten Hochstaudenfluren und Röhrichten. Eingestreut zahlreiche Weidengebüsche. Randlich Feucht- bis Naßgrünländer und Quellbereiche.

Schutzgrund:
Teil des geologisch schutzwürdigen Tunneltalsystems Rabenkirchen-Süderbrarup-Langsee-Idstedt-Ahrenholz.
Talraum mit sehr guter Entwicklungstendenz und von besonderer Bedeutung im Zusammenhang mit dem ebenfalls extensiv bis nicht mehr genutzten Talraum zum Langsee (Bundeswehrgelände). Einziger Niederungsbereich dieser Qualität im Kreis Schleswig-Flensburg.

Gefährdung:
Gewässerunterhaltung.

Maßnahmen:
Grundsätzlich der natürlichen Sukzession überlassen. Teilbereiche (hochwertige Grünlandbereiche), Mahd, weitestgehende Einstellung der Gewässerunterhaltung.

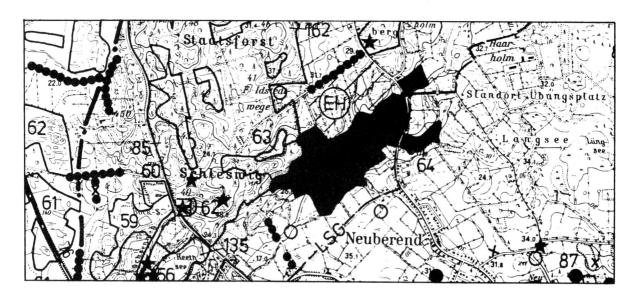

schwarze Flächen: als Kernbereich erfaßte Biotope

TK 25/Biotop-Nr.	NSG-Vorschlag	47

1324/146   Kesselmoor Lerchenfeld

Kleines Kesselmoor mit ringförmiger Anordnung moortypischer Lebensgemeinschaften in zwei breit verbundenen Einzelkesseln. Überwiegend nährstoffarme und mineralwassergeprägte Standortsbedingungen. Herausragende Pflanzengesellschaften sind primäre Birkenwaldansätze, Pfeifengrasbestände und torfmoosreiche Schlenkengesellschaften mit dominierendem Wollgrasaspekt. Das Moor ist als ausgeprägte Schwingdecke kaum betretbar.

Schutzgrund:
Letztes der ehemals wohl typischen, in fluvio-glazial geformten Randbereichen des Tunneltals der Ochsbek gelegenen Kleinmoore mit oligotrophem Charakter. Wenigstens im Zentrum ungestörte Moorentwicklung.

Gefährdung:
Aktuell noch durch angrenzende Ackernutzung gefährdet, gewinnt die heranrückende Kiesausbeutung zunehmend als wesentlicher Gefährdungsfaktor an Bedeutung. Unvorhergesehene Änderung des Grundwasserregimes sind wahrscheinlicher als eine zufällige Erhaltung des Moores.

Maßnahmen:
Kiesabbau in großzügig bemessener Entfernung stoppen, bis hydrogeologische Untersuchungen vorliegen. Weiterer Aufkauf angrenzender Äcker, z. B. zur Entwicklung der potentiell natürlichen Vegetation über Halbtrockenrasenstadien ist denkbar. Möglich u. U. auch die Beteiligung der Kiesabbauunternehmen im Rahmen großzügiger Ausgleichs- bzw. Ersatzmaßnahmen.

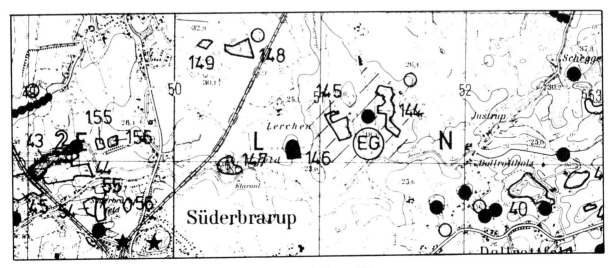

schwarze Flächen: als Kernbereich erfaßte Biotope

5.3 Bestehende Landschaftsschutzgebiete

Im Kreis Schleswig-Flensburg bestehen derzeit folgende 20 Landschaftsschutzgebiete (siehe auch Abb. 59):

Nr.	Bezeichnung	Verordnung vom /Fundstelle
1	Steilufer Loiter Au	25.05.1939 Reg. Amtsbl.
2	Kirchhof in Ülsby	25.05.1939 Reg. Amtsbl.
3	Gelände um den Mühlenteich	25.05.1939 Reg. Amtsbl.
4	Haithabu-Dannewerk	21.12.1951 Amtsb. Schl.-H. (2. Änderung 10.6.1960)
5	Ochsenweg	17.11.1952 GVOBl. Schl.-H.
6	Umgebung Schloßinsel	12.07.1957 Amtsbl. Schl.-H.
7	Haddebyer und Selker Noor	21.08.1958 Amtsbl. Schl.-H.
8	Am Havetofter See	20.05.1959 Amtsbl. Schl.-H.
9	Sorgetal	22.4.1963 Amtsbl. Schl.-H.
10	Ufer des Langsees	12.12.1963 Amtsbl. Schl.-H.
11	Nördliches Schleiufer	27.08.1964 Amtsbl. Schl.-H. (1. Änderung 07.09.1978)
12	Ostseeküste Schlei, Wittensee und Windebyer Noor	28.04.1965 Amtsbl. Schl.-H.
13	Lüngmoor	04.04.1966 Amtsbl. Schl.-H.
14	Flensburger Förde	31.03.1967 Amtsbl. Schl.-H. (3. Änderung 20.02.1979)

Nr.	Bezeichnung	Verordnung vom /Fundstelle
15	Treenetal und Umgebung	31.03.1967 Amtsbl. Schl.-H. (2. Änderung 17.11.1977)
16	Kupfermühle/Niehuus	31.03.1967 Amtsbl. Schl.-H.
17	Seeland-Moor	06.08.1970 Amtsbl. Schl.-H.
18	Bundesautobahn Flensburg und Umgebung	26.05.1972 Amtsbl. Schl.-H.
19	Winderatter See	20.12.1972 Amtsbl. Schl.-H.
20	Naherholungsgebiet Idstedt-Gehege	02.04.1973 Amtsbl. Schl.-H.

5.4 Vorschläge für neue Landschaftsschutzgebiete

Für das Kreisgebiet werden insgesamt 15 neue Landschaftsschutzgebiete vorgeschlagen, denen die Kriterien nach § 17 LPflegG zugrunde liegen (siehe auch Abb. 59).

Diese Landschaften sollten wegen ihrer Vielfalt, Eigenart oder Schönheit des Landschaftsbildes oder zur Erhaltung oder Wiederherstellung der Leistungsfähigkeit des Naturhaushaltes geschützt werden.

Ein Teil der neu vorgeschlagenen LSG ist ausschließlich (in zwei Fällen) oder teilweise (in fünf Fällen) als großräumigere Umgebungsfläche für bestehende oder vorgeschlagene Naturschutzgebiete und in einem Fall für ein bestehendes Naturdenkmal vorgeschlagen worden.
Der Erhalt oder die Entwicklung der Landschaft in diesen Gebieten ist zum Erreichen des Schutzzieles für das jeweilig höherwertige Schutzgebiet (NSG, ND) erforderlich.

Übersicht der vorgeschlagenen Landschaftsschutzgebiete im Kreis Schleswig-Flensburg:

lfd. Nr.	TK 25	Gebiet
1	1121	Trockenflächen neben den Paläoböden am Stolzberg
2	1123,1123, 1223,1224, 1225,1325, 1326	Erweiterung des LSG "Flensburger Förde"
3	1223	Erweiterung des LSG "Winderatter See"
4	1224,1225, 1324	Niederung der Lippingau und angrenzende Gebiete
5	1223,1224, 1323,1324, 1325	Knicklandschaft Zentralangeln
6	1322,1323	Erweiterung des LSG "Bundesautobahn Flensburg und Umgebung"
7	1323,1423	Wellspanger Au/Rabenholzer Moor
8	1222,1322, 1421,1422	Treenetal-Bollingstedter Au
9	1422,1423	Endmoränenlandschaft bei Lürschau
10	1423,1424	Loiter/Füsinger Au (wesentliche Erweiterung des LSG Steilufer Loiter Au)
11	1523	Busdorfer Tal
12	1523	Grünlandniederung Boklunder Au
13	1521,1621	Stapelholm
14	1621,1622, 1623,1721, 1722	Eider-Treene-Sorge-Niederung
15	1621,1622, 1721,1722	Erfder Geestinsel

Die wichtigsten vorgeschlagenen Landschaftsschutzgebiete werden nachfolgend kurz charakterisiert:

Nr. 2 "Flensburger Förde", Erweiterung:
Südlich an das bestehende Landschaftsschutzgebiet angrenzende kuppige Grundmoränenlandschaft mit den Talniederungen und Talschluchten der Munkbrarupau, der Langballigau und der Steinberger Au mit deren näherem Einzugsgebiet. Zwischen Kappeln und Gelting überdurchschnittlich knickreiche Landschaftsteile östlich von Stenderup und Schwackendorf.
Im Flensburger Raum dient der LSG-Vorschlag vor allem der Pufferung der vorgeschlagenen Naturschutzgebiete, z.B. Blixmoor und Munkbrarupau.

Nr. 4 "Niederung der Lippingau":
Eine Vielzahl gut erhaltener Landschaftsstrukturen, die sich auch in einer hohen Biotopdichte äußert, zeichnet diese Landschaft aus. Örtlich sehr hohe Reliefenergie, verschieden exponierte Hanglagen, eine zentral gelegene Grünlandniederung sowie zahlreiche Bachschluchten und Schluchtwälder prägen den Raum.

Nr. 5 "Knicklandschaft Zentral-Angeln":
Vielseitig genutzte Kulturlandschaft im Dreieck Süderbrarup, Rügge und Satrup. Um Rügge relativ hoch aufragende Grundmoränen mit Rundblick bis in den Schleiraum und auf die Flensburger Förde. In Teilbereichen noch intakte Knickstrukturen. Im Vergleich zum übrigen Angeln ausgesprochen biotopreiches Gebiet mit Wäldern, Mooren, Bachschluchten und der Talniederung der Oxbek/Mühlenau.
Im vorgeschlagenen Landschaftsschutzgebiet sollten Maßnahmen zur Wiederherstellung landschaftstypischer Strukturen, wie Knicks, Redder, Kleingewässer oder auch ein zusammenhängendes Feldwegenetz, besonders gefördert werden.

Nr. 9 "Endmoränenlandschaft bei Lürschau":
Im Übergang von östlichem Hügelland zur Vorgeest gelegene, vielfältig strukturierte Landschaft mit fließenden Übergängen von trocken-sandigen Kuppen bis zu Mooren in den Senken.

Nr. 13 "Stapelholm":

Aus der Eider-Treene-Sorge-Niederung herausragende langgestreckte Geestinsel. Im Süden charakterisiert durch unterschiedlich stark ausgeprägte Kliffküsten. Zwischen Süderstapel und Bergenhusen mit Quellhängen und sandig-trockenen Kanten, die z.T. abgegraben werden. In Teilbereichen noch Reste der alten Knickstrukturen vorhanden.

Nr. 15 "Erfder Geestinsel":

Kuppelförmig aus der Grünlandniederung herausragende Geestinsel mit außergewöhnlich hoher Zahl an Knicks, die z.T. floristisch sehr gut ausgestattet sind. Die landwirtschaftlichen Nutzflächen werden zum größten Teil als Gründland genutzt und weisen eine große Zahl hochwertiger Kleingewässer auf.

5.5 Vorschläge für Naturdenkmale

Im Rahmen der Auswertung wurden 11 Flächen ermittelt, die für eine Ausweisung als Naturdenkmal (ND) vorgeschlagen werden (s. Abb. 58). Es handelt sich gemäß § 19 LPflegG um Einzelschöpfungen der Natur, was u. a. kleinflächige, beispielhafte Objekte erdgeschichtlicher/bodenkundlicher Prozesse mit einschließen kann (z. B. Kleinstmoor in einem ehemaligen Toteisloch).
Alle anderen Biotope, die eine entsprechend hohe Schutzwürdigkeit aufweisen, sind zum Naturschutzgebiet vorgeschlagen worden, auch wenn die Biotopfläche einschließlich des direkten, mit zu schützenden Umgebungsbereiches kleiner als 5 ha ist. Insofern handelt es sich hier um eine Modifizierung der bisherigen Praxis bei den ND- und NSG-Vorschlägen.

Abb. 52: Kratt bei Meynfeld-Ost, ND-Vorschlag Nr. 3

Abb. 53: Bachschlucht bei Sterup-Dingholz, LB-Vorschlag Nr. 16

TK 25/Biotop-Nr.	Nr. und Name des Objektes
1122/11	1. "Bachschlucht Johannisberg" - tief eingeschnittenes kleines Kerbtal zum "Niehuuser Tunneltal", von Buch-Eschen-Mischwald eingenommen - sehr schön fließender Bach.
1123/108	2. "Geiler Tongrube" - ehemalige Tongrube mit quelligen und trockenen Bereichen. Trockenhänge mit charakteristischen Pflanzenarten, die im Gebiet sehr selten sind.
1221/13	3. "Kratt bei Meynfeld-Ost" - Zeugnis alter Waldwirtschaftsform mit typisch ausgeprägter Vegetation - die alte Art der Bewirtschaftung sollte wieder aufgenommen werden.
1222/1	4. "Eichenkratt Handewitt-Ost" - Beispiel der in Schleswig-Holstein selten gewordenen Eichenkratts, mit der für diese Wirtschaftsform typischen Wuchsform der Eichen (Stockausschlag-Wald).
1322/28	5. "Binnendüne im Holmingfeld" - Binnendünenfeld in Holming mit Trockenrasen, kleinflächig feuchter Dünentalvegetation, in Teilen sehr gut ausgeprägte Niedermoorvegetation.
1324/30	6. "Quellkuppe im Papenfeld" - sehr gut ausgebildete große Quellkuppe mit typischer Vegetation.
1324/80	7. "Böeler Quellweiher" - Quellweiher mit charakteristischer Vegetation, dominant sind Rispenseggen-Bulte unter einem Schwarzerlen-Gebüsch.
1422/78	8. "Os bei Ahrenholz" - langgestreckter Wallberg aus fluvio-glazialen Sanden und Kiesen mit Magerrasen bewachsen.
1424/110	9. "Nehrungshaken am Kleinen Mies" - in aktueller Entwicklung befindlicher Nehrungshaken. Geomorphologisch bedeutsames Demonstrationsobjekt.
1522/28	10. "Mergelkuhle bei Dannewerk" - große, seit einigen Jahrzehnten aufgelassene Mergelkuhle südwestlich von Dannewerk mit Buchenmischwald, Weidengebüsch, Feuchtgrünland und Seggenried.
1621/55	11. "Trockenhang am Stapelholmer Geestrücken" - trocken-sandige Geestkante südwestlich Norderstapel mit eng verzahnten Trockenrasenflächen und Eichen- und Schlehen-Weißdorn-Gebüschen.

5.6 Vorschläge für geschützte Landschaftsbestandteile

Gemäß § 20 LPflegG können Landschaftsbestandteile, deren besonderer Schutz z.B. zur Sicherstellung der Leistungsfähigkeit des Naturhaushaltes oder zur Belebung, Gliederung oder Pflege des Orts- und Landschaftsbildes erforderlich ist, durch Verordnung zu geschützten Landschaftsbestandteilen erklärt werden.

Dem Verständnis der Biotopkartierung nach erfüllen alle erfaßten Biotope die Kriterien für schützenswerte Landschaftsbestandteile. Die in der Einleitung zu dieser Broschüre genannten Funktionen der Biotope und deren Überschneidung mit den oben genannten Kriterien nach dem Landschaftspflegegesetz belegen dies ganz eindeutig.

Aus der großen Zahl der Biotope sollen solche, die zum einen nicht die Kriterien nach den §§ 16, 17 oder 19 LPflegG (NSG, LSG, ND) erfüllen, deren Sicherung durch Verordnung aber sinnvoll und vordringlich erscheint, besonders hervorgehoben werden.

Nach strenger Abgrenzung insbesondere zum Naturdenkmal wurden 103 Vorschläge für eine Ausweisung als geschützter Landschaftsbestandteil ermittelt (s. Abb. 58).

Übersicht der vorgeschlagenen geschützten Landschaftsbestandteile im Kreis Schleswig-Flensburg:

Lfd. Nr.	Biotop-Nr.	Art der Fläche
1	1121/11	Tümpel-Weidengebüsch-Komplex von sehr alten Weißdorngebüschen durchsetzt. Einzige Gebüschgruppe in der weiteren Umgebung.
2	1122/6	Mühlenteich "Kupfermühle" Wertvoller Bereich mit Röhricht und Großseggenried sowie Bruchwald auf dänischer Seite.
3	1122/8,9,10,12	Vier kleine Bachschluchten zum Niehuuser Tunneltal mit landschaftsprägendem Charakter.
4	1123/16 1122/16	Bachschlucht im Süderholz
5	1123/20	Wallhecken auf der Halbinsel Holnis
6	1123/36,37	Talniederung Schiedenhohlweg/Ostsee mit Quellbruch
7	1123/57,58, 59,60	Bachschluchten am Abhang zur Schwennau-Niederung nordöstlich Wees
8	1123/66	Kleingewässer mit Verlandung südwestlich Rüde
9	1123/77	Niedermoor "Rüdersee"
10	1123/83	Redder Rüdeheck-Binzmark
11	1123/105,122	Talniederung zwischen Geil und Warberg
12	1124/2	Bachschluchten bei Westerholz
13	1124/13	Bachtal nördlich Hörreberg
14	1123/5	Quellhang an der Bondenau bei Groß Solt
15	1224/31	Bewaldete Kuppe Siekmoor

Lfd. Nr.	Biotop-Nr.	Art der Fläche
16	1224/40,47,48, 56,61,62, 63,64,74, 75,97,142, 146,148, 149,176	Bachschluchten und Schluchtwälder im weiteren Bereich der Lippingau-Niederung
17	1224/68 1324/110	Bachschlucht Ahnebyheck
18	1224/81	Bachschlucht Fippendorfer Knochenmühle
19	1224/86	Talniederung Hoheluft/Esgrus
20	1224/91,92	Feuchtwald und Strandmoor bei Steinberghaff
21	1224/112	Niederwald Steinbergholz
22	1224/114	Talniederung Dollerup
23	1224/115	Historische Hofanlage Schwensby
24	1224/116	Bauernwald Wolfsbrück
25	1224/131	Schluchtwald Fuchsgraben
26	1224/132	Auwald Stürsholz
27	1224/135	Hangwald Westerholm
28	1224/151	Bauernwald bei Atsbüll
29	1224/159,160	Bachschluchten bei Schalby und Wimmery
30	1224/169	Redder Stausmark
31	1224/170	Redder Niesgrau
32	1224/172	Bauernwald Steinberghaff
33	1224/175	Redder Kalleby
34	1224/184	Schluchtwald Friedrichstal
35	1225/2	Bachtal Mariannenhof
36	1225/5,29	Ehemaliges Kliff bei Nieby/Gelting

Lfd.Nr.	Biotop-Nr.	Art der Fläche
37	1225/19	Bachschlucht Geltinger Au
38	1225/49	Kleinstdünen Kronsgaard
39	1225/57	Bauernwald Golsmaas
40	1225/59	Gutsgraben Düttebüll
41	1225/74 1325/55	Bachschlucht und Bachlauf Vogelsang
42	1225/80	Bachschlucht Lücktoft
43	1225/81	Bachschlucht Mühlenkoppel
44	1225/96	Bachschlucht Holzkoppel
45	1225/99	Niederwald Sillekjer
46	1321/11	Binnendünen Großjörl
47	1321/20	Hochmoorrest bei Seeland
48	1321/27,29	Remäandrierter Bachverlauf der Linnau
49	1322/22	Quelliger Erlenbruchwald bei Stenderup
50	1322/29	Übergangsmoor bei Holmingfeld
51	1322/59,60	Übergangsmoore bei Augaardholz
52	1323/15	Unterlauf der Ülsbyerau mit sehr schön ausgeprägtem Talraum
53	1323/26	Schwarzerlenbruch südlich Hassel
54	1323/27	Schwarzerlenbruch nördlich Petersburg
55	1323/28	Aufgelassener Bahndamm als Landschaftslinienelement
56	1323/31	Sommerlindenallee Ülsby
57	1323/38	Weidensumpf südlich Hüholz
58	1323/42	Hochmoorrest Havetoftmoor

Abb. 54: Übergangsmoor bei Augaardholz, LB-Vorschlag Nr. 51

Abb. 55: Binnendünen im Idstedtfeld, LB-Vorschlag Nr. 91

Lfd. Nr.	Biotop-Nr.	Art der Fläche
59	1323/57	Aufgelassener Bahndamm als ökologisch wertvolles Linienelement mit landschaftsstrukturierender Wirkung
60	1323/61	Ulmenallee Osterbunsbüll
61	1323/66	Niederung des verlandeten Ekebergsees
62	1324/4	Redder am Brebelholz-Moor
63	1324/64,66,67	Os und Randsümpfe Brarupland
64	1324/77	Kerbtal Bölwesterfeld
65	1324/79	Quellmoor Hattschau
66	1324/83	Hangwald Botflarup
67	1324/84	Saustruper Au
68	1324/109	Hangwald Haveholz
69	1324/112,113	Bachtal Flaruper Au
70	1324/115	Feuchtwald Fraulund
71	1324/121	Wald und Bachtal Flarupholz
72	1324/142	Quellmoor Scheggerottfeld
73	1324/148	Niederwald Norderbrarup
74	1325/19,21,22 1326/26	Olpenitzer Noor
75	1325/32	Nübbelhofer Bauernwald
76	1325/84	Bach bei Karschau
77	1325/99	Grödersbyer Noor
78	1325/108	Bachschlucht Brodlos
79	1422/1	Buchen-Mischwald bei Silberstedt
80	1422/13,81	Hochmoorrest in Espertorftfeld
81	1422/14	Ehemaliges Eichenkratt in Espertoftfeld
82	1422/22	Übergangsmoor im Staatsforst Schleswig bei Buschau

Lfd. Nr.	Biotop-Nr.	Art der Fläche
83	1422/23	Übergangsmoor im Staatsforst Schleswig bei Hündingfeld
84	1422/56,57,58, 59 1423/135	Endmoränengebiet bei Lürschau
85	1422/62	Hochmoorrest bei Ahrenholzfeld
86	1422/63	Hochmoorrest bei Idstedtholzkrug
87	1422/64	Sauer-mesotrophes Kesselmoor im Staatsforst Schleswig bei Idstedtholzkrug
88	1423/15	Kahlebyer Bärlauch-Wald
89	1423/17	Quelliges Feucht- bis Naßgrünland an der Füsinger Au
90	1423/50	Lübbersdorfer Kiesgrube
91	1423/74,75	Binnendünen im Idstedtfeld
92	1424/66	Eschen-Hangwald an der Loiter Au
93	1424/70	Quellhang an der Füsinger Au
94	1424/115	Trockenhang am Lindauer Noor
95	1521/10 1522/12 1621/91 1622/145	Altarm der Sorge zwischen Dörpstedter Moor und Börmer Koog
96	1523/38	Moore in der Mielberger Niederung
97	1523/59	Heide/Magerrasen auf dem Königshügel
98	1523/61	Hochmoor südöstlich Lottorf
99	1621/19	Quellhang am Rande der Erfder Geestinsel
100	1621/63	Quellhang am Südrand des Stapelholmer Geestrückens
101	1621/64,65,66	Buchenmischwald mit Bärlauch-Beständen bei Brunsholm
102	1622/105	Trockenrasen/Heide bei Altbennebek
103	1623/85	Waldmoor im Kropper Forst

6. Entwicklungsräume

Die Auswertung der Biotopkartierung darf sich nicht allein in einer Quantifizierung bestimmter Sachverhalte oder der bloßen Darstellung des Ist-Zustandes erschöpfen. Notwendig werden weitergehende Aussagen zur landschaftsökologischen Raumsituation. Die naturräumliche Gliederung des Landes stellt in sich relativ geschlossene homogene Bereiche dar, die aus Klima, Geologie, Topographie und Böden sowie aus den Ergebnissen gemeinsamer glazial beeinflußter Landschaftsentwicklung geprägt sind. Dies schuf die Voraussetzungen für die unterschiedlichen Einwirkungen des Menschen, der die vom Eis befreite, sich langsam bewaldende Urlandschaft schon früh nach seinen Bedürfnissen mehr oder weniger intensiv umzugestalten begann. Die aufeinanderfolgenden menschlichen Gesellschaften drückten der Landschaft jeweils ihren Stempel auf. Dies konnte natürlich immer nur in Abhängigkeit von den landschaftlichen Gegebenheiten erfolgen. Diese Gegebenheiten, Klima, Substrat und Topographie waren nicht nur die Voraussetzung für unterschiedliche Besiedlung von Pflanzen und Tieren, sondern prägen auch immer die Menschen der jeweiligen Landschaften.

In den vergangenen Jahrhunderten bis heute war und ist die Landschaft den vielfältigen menschlichen Aktivitäten ausgesetzt, was von der Heidebildung der frühen Bronzezeit über die Verkoppelung des Barocks bis zur Flurbereinigung der Neuzeit und der heutigen Extensivierungs- und Stillegungsprogramme reicht. Diese Erkenntnis macht deutlich, daß es mit ganz wenigen Ausnahmen, z.B. im Gezeiteneinfluß der Nordsee, keine Naturlandschaften mehr gibt. Erst ein rapider Arten- und Biotoprückgang innerhalb der letzten 30 Jahre durch einen intensivierten Einsatz von Agrartechnik und Agrarchemie forcierte die Einsicht zu systematischen Inventuren von Fauna, Flora und ihren Habitaten. Die Biotopkartierung als erste systematische Habitat-Inventur kann immer nur eine Momentaufnahme zum Zeitpunkt der jeweiligen Geländeaufnahme darstellen (siehe Abb. 56 und 57). Will man eine Entwicklung in die Zukunft planen, geht dies nur über eine Analyse der Veränderung der Landschaft und der bio-ökologischen Defizite. Mit welcher Landschaft aber wollen wir ins nächste Jahrtausend gehen? Welche

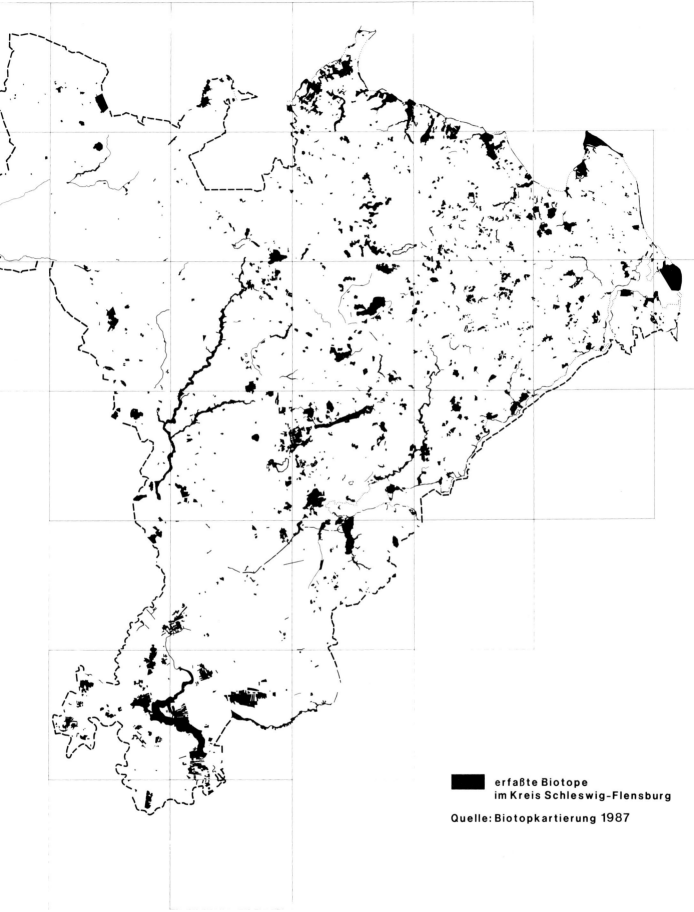

Abb. 56: Karte aller erfaßten Biotope im Kreis Schleswig-Flensburg (Verkleinerung des SICAD-Plot)

Landschaft kann den weiter fortschreitenden Artenrückgang wenigstens verlangsamen? Gelingt es, den immensen Eintrag von Umweltgiften in Luft, Wasser und Boden als eine der gravierendsten Einflüsse zurückzuschrauben?

In dieser Auswertung für das Gebiet des Kreises Schleswig-Flensburg soll zum ersten Mal damit begonnen werden, gewisse Entwicklungsziele vorzugeben, um so die Aktivitäten des Naturschutzes und der Landschaftspflege auf die wichtigsten Defizite konzentrieren zu können. Die Abgrenzung der in Abbildung 58 dargestellten Entwicklungsräume basiert auf einem übergeordneten Grundsatz: Erhalt und Entwicklung der "Unverwechselbarkeit" einer Landschaft (MEHL 1987). Nicht nur regionale landschaftstypische Bau- und Siedlungsformen sollten erhalten und entwickelt werden, sondern auch die typischen Landschaften dazu mit ihrer charakteristischen Struktur als Träger einer vielfältigen Pflanzen- und Tierwelt.

Abb. 57: Verteilung ausgewählter Biotoptypengruppen in den Naturräumen

a = prozentualer Flächenanteil des Biotoptyps an der Gesamtnaturraumfläche
    (bzw. Kreisfläche in der letzten Abbildungszeile)

b = durchschnittliche Flächengröße der erfaßten Biotope

c = Anzahl der Biotope mit Nennungen aus der jeweiligen Biotoptypengruppe

Wälder s. Abb. 22	Heiden, Dünen, Trockenrasen = § 11-trocken s. Abb. 34
Niedermoore s. Abb. 30	Fließgewässer s. Abb. 38
Hochmoor s. Abb. 31	Stillgewässer s. Abb. 41

- 183 -

Erfaßte Biotope ausgewählter Typengruppen

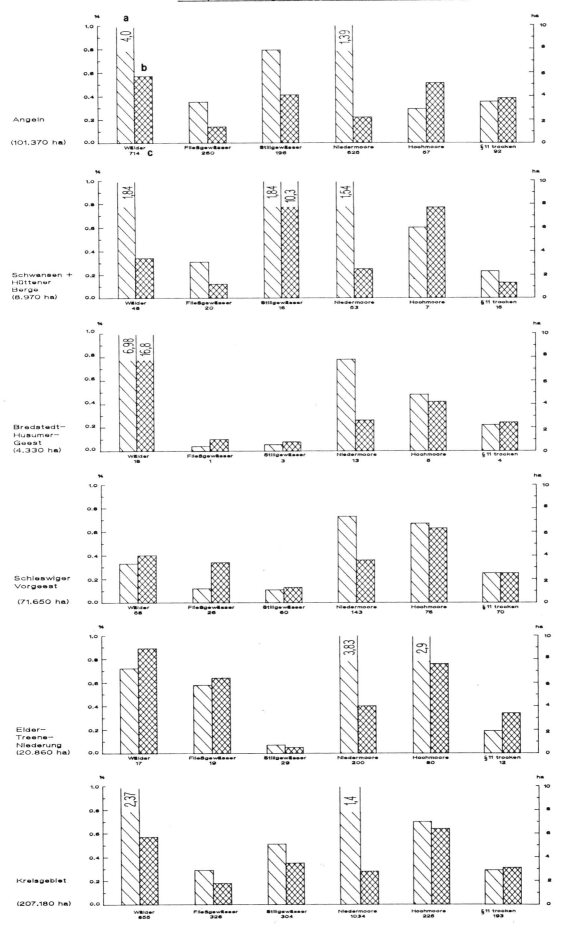

Weitere Abgrenzungskriterien sind:
- Topographie und vorherrschende Böden,
- Biotopcharakteristik (siehe entsprechende Kapitel),
- ermittelte Defizite, z.B. Knick-, Heide- und Moorrückgang auf der Basis der Auswertung der ersten Preußischen Landaufnahme von 1880,
- Verbreitungscharakteristik hauptsächlich der Flora als Ausdruck der geowissenschaftlichen Gegebenheiten des Landes.

Mit der hier vorgestellten Darstellung von Entwicklungsräumen kann die Frage nach dem Vorrang zur Ausweisung von schutzwürdigen Ökosystemen größtenteils behandelt werden, nicht aber Fragen ihrer Vernetzung (HEYDEMANN 1983). Hierzu werden in Kürze genauere großmaßstäbliche Untersuchungen folgen müssen. Es ist aber schon jetzt davon auszugehen, daß die Biotopdichte, wie sie im Rahmen der Biotopkartierung ermittelt wurde, wichtige Anhaltspunkte für den bestehenden Grad der Vernetzung liefert. So besteht in Angeln mit einer mittleren Biotopabstandsfläche von nur 74 ha - also einer im landesweiten Vergleich sehr hohen Biotopdichte - im Kontakt mit der angetroffenen Knickdichte theoretisch ein wesentlich besseres vorhandenes Biotopverbundsystem als in der Vorgeest mit 247 ha (s. Abb. 9). Qualitative Aussagen sind so allerdings nicht möglich, da man den zitierten Schadstoffeintrag immer mit berücksichtigen muß.

Entwicklungsräume auf bio-ökologischer Grundlage

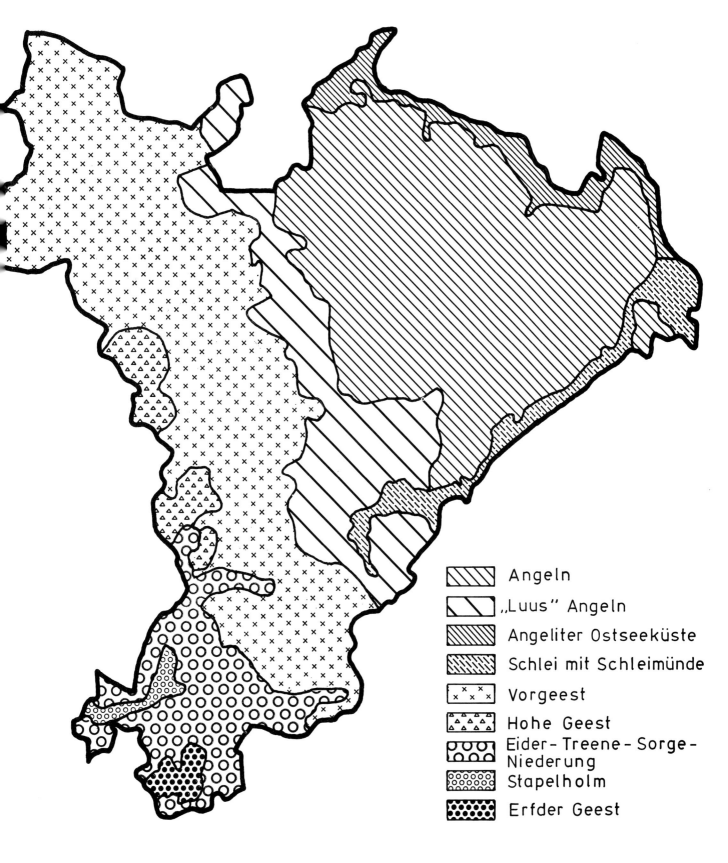

Abb. 58: Entwicklungsräume für den Kreis Schleswig-Flensburg auf bio-ökologischer Grundlage

Entwicklungsraum: ANGELN

Vorherrschende Böden und Nutzung: Lehm; Acker

Allgemeine Charakteristik: Stark kuppige Jungmoränenlandschaft mit z.T. hoher Reliefenergie; reiche Biotopausstattung, auffallend hohe Dichte von Tümpeln und Kuhlen, besonders markante Knicklandschaften.

Biotopcharakteristik:
- Vorherrschend: Wälder, Knicks, Tümpel und Kuhlen
- Verbreitet: Hochmoore, Niedermoore in kleinen Restbeständen, Fließgewässer, Feuchtgrünländereien, Quellen
- Selten: Stillgewässer
- Defizite: Regional starke Knicknetzreduzierung

Empfehlungen zur Landschaftsentwicklung:
- Erhalt: Vorhandene Knicks, repräsentative Wälder, Tümpel und Kuhlen, Fließgewässersysteme, Quellen
- Pflege: Tümpel und Kuhlen, Feuchtgrünländereien
- Entwicklung: Stillgewässer, Knicks, Ackerrandstreifen
- Schutzvorrang: Knicknetz, repräsentative Waldtypen.

Erläuterungen zu den Entwicklungsräumen

Vorherrschende Böden und Nutzung: Diese Faktoren haben vorrangig die heutige Situation der Landschaft beeinflußt. Sie bleiben auch weiterhin bedeutsam für die zukünftige Landschaftsentwicklung.

Allgemeine Charakteristik: Knappe Beschreibung des heutigen Erscheinungsbildes der Biotopausstattung der Landschaft.

Biotopcharakteristik: Beschreibung der heutigen Situation der Landschaftselemente in Abhängigkeit von der bisherigen Landschaftsentwicklung.
- Vorherrschend: Das Landschaftsbild beherrschende häufiger und charakteristische Elemente.
- Verbreitet: Im gesamten Raum entsprechend der standörtlichen Ausgangssituation regelmäßig verteilte typische Elemente.
- Selten: Von Natur aus oder durch menschlichen Einfluß nur auf wenige Standorte beschränkte Elemente.
- Defizite: Ermittelter Fehlbestand aus dem Vergleich der heutigen Situation der Landschaft mit der Landschaftsstruktur im wesentlichen zum Zeitpunkt der ersten preußischen Landesaufnahme um 1880.

Empfehlungen zur Landschaftsentwicklung: Abgeleitet aus Charakteristik, Zustand und Defiziten der Landschaft wird ein Rahmen für zielgerichtetes Wirken in der freien Landschaft gesetzt.
- Erhalt: Von vorhandener Natursubstanz sollen durch Maßnahmen der Landschaftspflege schädliche äußere Randeinflüsse ferngehalten werden.
- Pflege: Mit Hilfe von Pflegekonzepten und -maßnahmen sollen Zustände und Nutzungen erhalten oder gefördert werden, wenn sie charakteristisch für die Landschaft sind und den Naturhaushalt stabilisieren helfen.
- Entwicklung: Durch geeignete Maßnahmen sollen festgestellte Defizite abgebaut und charakteristische Biotope neu geschaffen werden.
- Schutzvorrang: Vorrang haben die charakteristischen Landschaftselemente sowie seltene und landesweit repräsentative Ökosysteme.

Entwicklungsraum: ANGELITER OSTSEEKÜSTE

Vorherrschende Böden und Nutzung: Lehm, Sand, Moorerde auf Sand und Flachmoortorf; Acker, Grünland, Freizeit und Erholung.

Allgemeine Charakteristik: Typische Ostseeküstenlandschaft mit Steil- und Ausgleichsküste, herausragende Biotopvielfalt und -qualität.

Biotopcharakteristik:
- Vorherrschend: Küstenbiotope, besonders Höftländereien, Wälder, Bruchwälder, Quellen.
- Verbreitet: Bachtäler und -schluchten, Knicks, Tümpel und Kuhlen.
- Selten: keine Angabe.
- Defizite: Knicknetz

Empfehlungen zur Landschaftsentwicklung:
- Erhalt: Bachschluchten, Hanglaubwälder
- Pflege: Tümpel und Kuhlen, Knicknetz
- Entwicklung: Laubwald, Bachtäler und Fließgewässer, Küstenbiotope
- Schutzvorrang: Ostseeküstentypische Biotope wie Strandwallsysteme, Höftländereien und Steilküsten, Wälder und Fließgewässersysteme. Große Bereiche mit gesamtstaatlich repräsentativer Bedeutung.

Entwicklungsraum: "LUUS-ANGELN"

Vorherrschende Böden und Nutzung: lehmiger Sand, Sand und lehmiger Sand über Lehm, Acker, Grünland.

Allgemeine Charakteristik: Übergangszone zwischen Jungmoräne und Geest; deutlich geringere Tümpeldichte gegenüber Zentralangeln.

Biotopcharakteristik:
- Vorherrschend: Hoch- und Niedermoorbereiche, Wälder, Seen
- Verbreitet: Trockenbiotope, vor allem Sekundärbiotope, Knicks
- Selten: Binnendünen
- Defizite: Knicknetz, Laubwälder, vor allem im Nordteil

Empfehlungen zur Landschaftsentwicklung:
- Erhalt: Trockenbiotope
- Pflege: Trockenbiotope, Knicks, Tümpel
- Entwicklung: Knicknetz, Wälder, Trockenbiotope
- Schutzvorrang: repräsentative Niedermoore, Binnendünen, Trockenbiotope.

Entwicklungsraum: **VORGEEST**

Vorherrschende Böden und Nutzung: Lehmiger Sand, Sand, Moorerde auf Sand und Flachmoortorf, Acker, Grünland

Allgemeine Charakteristik: Ebene, biotoparme Agrarlandschaft, von einigen langgestreckten Fließgewässersystemen durchzogen, mit regional dichtem Knicknetz.

Biotopcharakteristik:
- Vorherrschend: Knicknetz (regional)

- Verbreitet: Kleine Trockenbiotope, Binnendünen, zahlreiche Niedermoor- und Hochmoorreste, Fließgewässer.

- Selten: Krattwälder

- Defizite: Trockenbiotope, besonders Heiden, Nieder- und Hochmoore

Empfehlungen zur Landschaftsentwicklung:
- Erhalt: Alle vorhandenen Strukturen und Biotope

- Pflege: Niedermoore, Krattwälder, Knicks

- Entwicklung: Heiden und Magerrasen, Fließgewässersysteme, Wälder

- Schutzvorrang: Alle Krattwälder, Fließgewässer, Moore; Flußsystem mit gesamtstaatlich repräsentativer Bedeutung.

Entwicklungsraum: **SCHLEI MIT SCHLEIMÜNDE**

Vorherrschende Böden und Nutzung: Lehm, Sand, Moorerde auf Sand und Flachmoortorf, Erholungsnutzung, Grünland.

Allgemeine Charakteristik: Ostseeförde mit binnengewässertypischer Ausformung, gut ausgeprägte Glazialmorphologie, Strandwallsysteme an der Ostsee.

Biotopcharakteristik:
- Vorherrschend: Ufer-Röhrichte und Brackwasserröhrichte

- Verbreitet: Noore mit z.T. großflächigen Salzwiesenkomplexen, Grünlandniederungen, Quellen.

- Selten: keine Angabe

- Defizite: Salzwiesen und Brackwasserröhrichte

Empfehlungen zur Landschaftsentwicklung:
- Erhalt: Alle noch vorhandenen Landschaftselemente und Biotope

- Pflege: Grünlandniederungen und Salzwiesen, Noore

- Entwicklung: Alle gewässertypischen Biotopformen

- Schutzvorrang: Noore, einschließlich der Salzwiesenbereiche.

Entwicklungsraum: **EIDER-TREENE-SORGE-NIEDERUNG**

Vorherrschende Böden und Nutzung: Moorerde auf Sand und Flachmoortorf und auf Hochmoortorf, Ton und Schluff; Grünland.

Allgemeine Charakteristik: Weite ebene Grünland- und Moorniederung mit weitläufigen Fließgewässersystemen; reiche Biotopausstattung mit z.T. sehr großen Biotopkomplexen.

Biotopcharakteristik:
- Vorherrschend: Niedermoore, Hochmoore, Fließgewässer, Feuchtgrünland
- Verbreitet: keine Angabe
- Selten: keine Angabe
- Defizite: Niedermoore und Feuchtgrünland auf Niedermoorstandorten befinden sich in relativ schlechtem Zustand (Entwässerung, intensive Nutzung), Zersplitterung großer Moorkomplexe.

Empfehlung zur Landschaftsentwicklung:
- Erhalt: Hochmoore
- Pflege: Niedermoore und Feuchtgrünländereien (Extensivierung)
- Entwicklung: Fließgewässersysteme und Hochmoorregeneration
- Schutzvorrang: Fließgewässerniederung und Hochmoore. Gesamtes Gebiet besitzt gesamtstaatlich repräsentative Bedeutung.

Entwicklungsraum: **HOHE GEEST**

Vorherrschende Böden und Nutzung: Sand, lehmiger Sand über Lehm, Grünland, Acker.

Allgemeine Charakteristik: Aus der Vorgeest herausragende Altmoränenrücken.

Biotopcharakteristik:
- Vorherrschend: Wälder, Tümpel und Kuhlen
- Verbreitet: Knicks
- Selten: Dünen
- Defizite: Heiden und Magerrasen

Empfehlungen zur Landschaftsentwicklung:
- Erhalt: Alle vorhandenen Strukturen und Biotope
- Pflege: Knicks
- Entwicklung: Trockenbiotope, Wälder
- Schutzvorrang: Wälder.

- 190 -

Entwicklungsraum: ERFDER GEEST

Vorherrschende Böden und Nutzung: Lehmiger Sand über Lehm, Sand; Grünland

Allgemeine Charakteristik: Große, hoch aus der Eider-Treene-Sorge-Niederung herausragende ovale Geestinsel mit auffallend dichtem Knick- und Reddernetz und herausragend vielen Tümpeln und Kuhlen.

Biotopcharakteristik:
- Vorherrschend: Knicks, Redder, Tümpel und Kuhlen

- Verbreitet: keine Angabe

- Selten: keine Angabe

- Defizite: Abnahme der Qualität der Grünlandflächen durch intensive Nutzung, Knickverluste

Empfehlungen zur Landschaftsentwicklung:
- Erhalt: Knick- und Reddernetz

- Pflege: Knicks, Tümpel und Kuhlen, Grünland

- Entwicklung: Grünlandextensivierung

- Schutzvorrang: Knick- und Reddernetz, Tümpellandschaft.

Entwicklungsraum: STAPELHOLM

Vorherrschende Böden und Nutzung: Sand, lehmiger Sand z.T. über Lehm; Acker

Allgemeine Charakteristik: Steil aus der Eider-Treene-Sorge-Niederung herausragende langgestreckte landwirtschaftlich intensiv genutzte Geestinsel mit einigen größeren Wäldern im Norden und einem gleichmäßig verteilter meist dünnem Knicknetz.

Biotopcharakteristik:
- Vorherrschend: Knicks, Wälder (regional gehäuft)

- Verbreitet: Trockenstandorte (u.a. sekundär entstanden)

- Selten: Tümpel und Kuhlen

- Defizite: Rückgang primärer Trockenstandorte (Heiden und Magerrasen), regional starke Knicknetzreduzierung.

Empfehlungen zur Landschaftsentwicklung:
- Erhalt: Wälder

- Pflege: Vorhandene Knicks und Trockenbiotope

- Entwicklung: Knicknetz, Trockenbiotope

- Schutzvorrang: Wälder, z.T. von gesamtstaatlich repräsentativer Bedeutung.

Naturschutzgebiete/Landschaftsschutzgebiete im Kreis Schleswig-Flensburg (Stand: 1988)

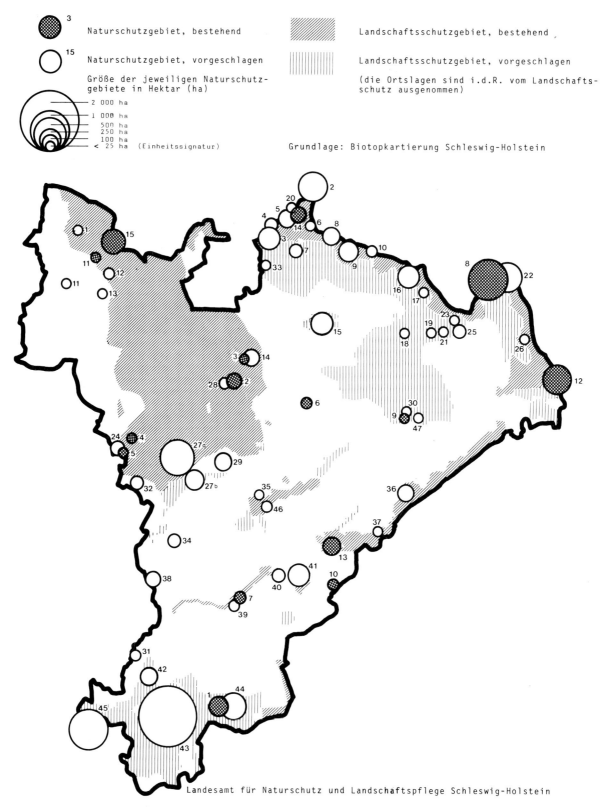

Abb. 59: Bestehende und vorgeschlagene Natur- und Landschaftsschutzgebiete

Naturdenkmale/geschützte Landschaftsbestandteile im Kreis Schleswig-Flensburg (Stand: 1988)

- (64) Naturdenkmal, vorgeschlagen
- [3] geschützter Landschaftsbestandteil, vorgeschlagen

Naturräume

- I   Bredstedt - Husumer Geest
- II   Eider-Treene-Niederung
- III Schleswiger Vorgeest
- IV   Angeln
- V   Schwansen
- VI   Hüttener Berge

Grundlage: Biotopkartierung Schleswig-Holstein

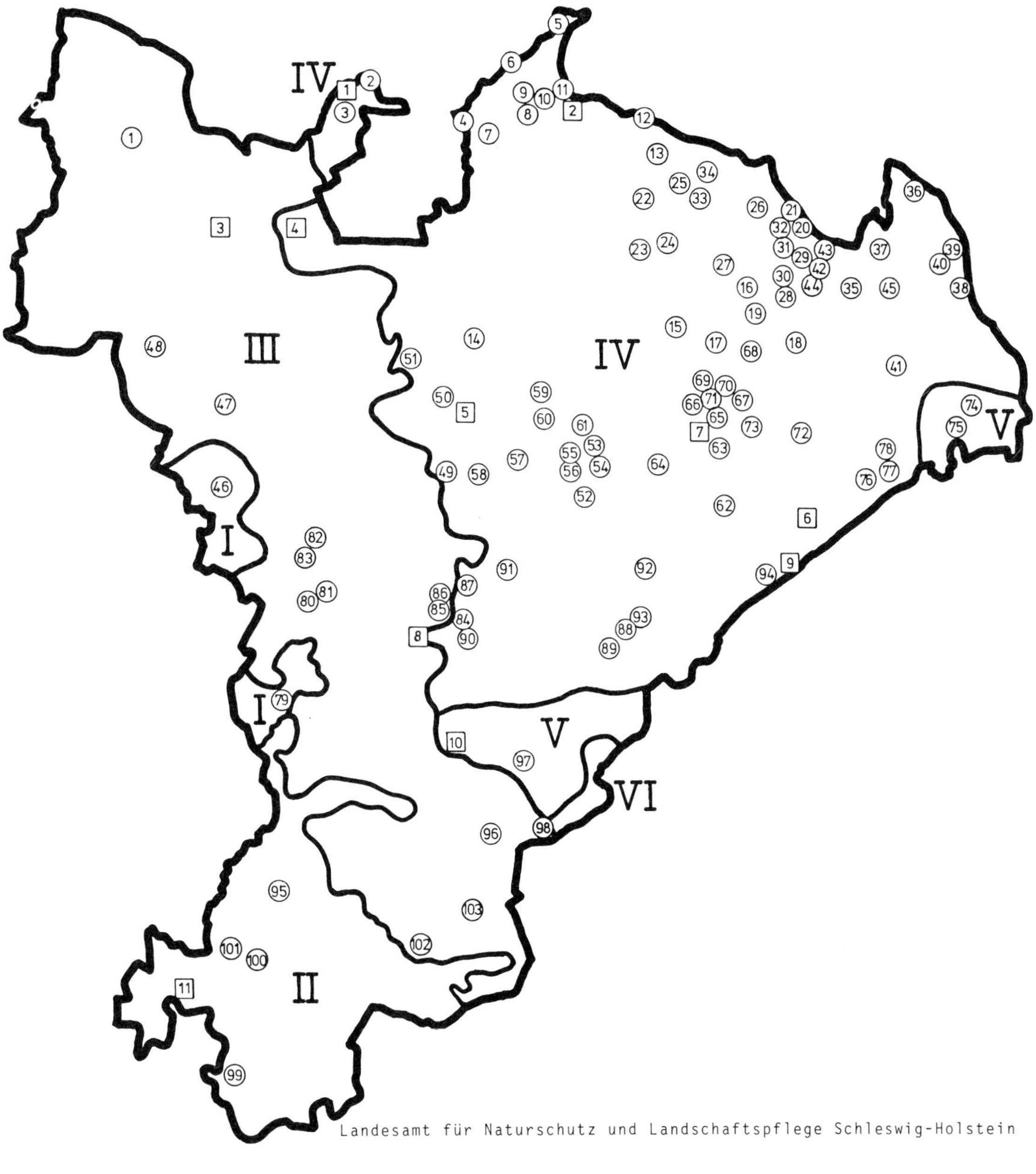

Landesamt für Naturschutz und Landschaftspflege Schleswig-Holstein

Abb. 60: Vorgeschlagene Naturdenkmale und geschützte Landschaftsbestandteile

7. Literaturverzeichnis

BERNDT, R.K. (1979): Brutbestand und Habitatwahl der Uferschwalbe, Riparia riparia, an den Steilküsten der schleswig-holsteinischen Ostseeküste im Jahre 1974, CORAX, Bd. 7, S. 71-86

BRANDT, B. (1983): Die Obere Rodau - ein Beitrag zu den Fließgewässern der Schleswigschen Geest. Jahrbuch für die Schleswigsche Geest 31, S. 153-173

BUCHWALD, K. & W. ENGELHARD (Hrsg.) (1978): Handbuch für Planung, Gestaltung und Schutz der Umwelt, München, Bern, Wien

CHRISTIANSEN, W. (1955): Pflanzenkunde von Schleswig-Holstein, 2. Auflage, Neumünster

CLAUSSEN, C. (1980): Die Schwebfliegenfauna des Landesteils Schleswig in Schleswig-Holstein (Diptera, Syrphidae). Faun.-Ökol. Mitt., Suppl. 1, S. 3-79

DAUNICHT, W (1985): Das Vorkommen der Heidelerche (Lullula arborea) in Schleswig-Holstein, Bd. 11, S. 1-44.

DEHUS, P. (1982): Vorstudie über das Artenvorkommen von Süßwasserfischen in Schleswig-Holstein unter besonderer Berücksichtigung seltener Arten. Gutachten im Auftrage des Landesamtes für Naturschutz und Landschaftspflege Schleswig-Holstein, Kiel

DEHUS, P. (1983): Zum Vorkommen des europäischen Flußkrebses (Astacus astacus) in Schleswig-Holstein. Gutachten im Auftrage des Landesamtes für Naturschutz und Landschaftspflege Schleswig-Holstein, Kiel

DETHLEFSEN, N. (1979): Das Angelnbuch. Eine Landeskunde in Wort und Bild, Neumünster

DEUTSCHER PLANUNGSATLAS (1960): Band III: Planungsatlas Schleswig-Holstein, Hrsg.: Akademie für Raumforschung und Landesplanung, Bremen

DIERßEN, K. (1983): Rote Liste der Pflanzengesellschaften Schleswig-Holsteins. Schriftenreihe des Landesamtes für Naturschutz und Landschaftspflege, Heft 6, Kiel

EHRENDORFER, F. (Hrsg.) (1973): Liste der Gefäßpflanzen Mitteleuropas, 2. Aufl., Stuttgart

EIGNER, J. (1978): Die Knicklandschaft in Schleswig-Holstein und ihre heutigen Probleme. Ber. Dtsch. Sekt. d. intern. Rates f. Vogelsch. $\underline{18}$, S. 74-81

GEMPERLEIN, J. & W. PETERSEN (1987): Wald und Naturschutz, Bauernblatt $\underline{26}$, S. 71-74

GEOLOGISCHES LANDESAMT (1987): Karte der erosionsgefährdeten Gebiete des Kreises Schleswig-Flensburg. Entwurf für die Landschaftsrahmenplanung

GRÜNKORN, T. (1987): Bestand und Bruterfolg von Wiesenvögeln in der Sorgeschleife. - Gutachten im Auftrage des Landesamtes für Naturschutz und Landschaftspflege Schleswig-Holstein, Kiel

HABER, W. (1983): Die Biotopkartierung in Bayern. Schriftenreihe des Deutschen Rates für Landespflege, Heft 41, S. 32-37, Bonn

HABER, W., HAASE, R., R. SÖHMISCH & R. BACHHUBER (1984): Aussagekraft der Schleswig-Holsteinischen Biotopkartierung für den Artenschutz. Forschungsbericht im Auftrage des Landesamtes für Naturschutz und Landschaftspflege Schleswig-Holstein, Freising-Weihenstephan

HAND, G. (1982): Bollingstedter Mühlenteich. Jahrbuch für die Schleswigsche Geest 30,

HEIDEMANN, G. & U. RIECKEN (1987): Zur aktuellen Situation des Fischotters und seiner Lebensräume in Schleswig-Holstein. Otter-Post 8, Heft 3, S. 85-87

HEINTZE, U. (1983): Das Seelandmoor (Silleruper Moor) Niedergang und Regenerationsversuche. Jahrbuch für die Schleswigsche Geest 31, S. 180-188

HEYDEMANN, B. (1980): Zoologische Grundlagen der Biotopkartierung, Teil I, Forschungsbericht im Auftrage des Landesamtes für Naturschutz und Landschaftspflege Schleswig-Holstein, Kiel

HEYDEMANN, B. (1983): Vorschlag für ein Biotopschutzzonen-Konzept am Beispiel Schleswig-Holsteins. Ausweisung von schutzwürdigen Ökosystemen und Fragen ihrer Vernetzung. Schriftenreihe des Deutschen Rates für Landespflege, Heft 41, S. 47-49

KAULE, G., J. SCHALLER & M. SCHOBER (1979): Auswertung der Kartierung schutzwürdiger Biotope in Bayern, allg. Teil, außeralpine Naturräume. Bayer. Landesamt f. Umweltschutz, Heft 1, München

KNIEF, W. (1988): Die Bestandsentwicklung der Saatkrähe in Schleswig-Holstein von 1976-1985, Beih. Veröff. Naturschutz Landschaftspflege Bad.-Württ. (im Druck)

KÖSTER, R. (1958): Die Küsten der Flensburger Förde. Ein Beispiel für Morphologie und Entwicklung einer Bucht. Schriften des Naturwiss. Vereins für Schleswig-Holstein 29, Heft 1, S. 5-18

LANDESAMT FÜR NATURSCHUTZ UND LANDSCHAFTSPFLEGE SCHLESWIG-HOLSTEIN (1981): Zur Situation der Amphibien und Reptilien in Schleswig-Holstein. Schriftenreihe des Landesamtes, Heft 3, Kiel

LANDESAMT FÜR NATURSCHUTZ UND LANDSCHAFTSPFLEGE SCHLESWIG-HOLSTEIN (1982): Rote Liste der Pflanzen und Tiere Schleswig-Holsteins. Schriftenreihe des Landesamtes, Heft 5, Kiel

LANDESAMT FÜR NATURSCHUTZ UND LANDSCHAFTSPFLEGE SCHLESWIG-HOLSTEIN (1988): Knicks in Schleswig-Holstein - Bedeutung, Pflege, Erhaltung, 2. Auflage

LANDESAMT FÜR WASSERHAUSHALT UND KÜSTEN SCHLESWIG-HOLSTEIN (Hrsg.) (1988): Seenkontrollmeßprogramm 1987, Kiel

LANDESREGIERUNG (1986): Bericht der Landesregierung auf den Beschluß des Landtags vom 25. November 1986: Moore in Schleswig-Holstein. Drucksachen 10/1751 v. 11.11.1986 und 10/1778 vom 25.11.1986, Kiel

MARQUARDT, G. (1955): Die schleswig-holsteinische Knicklandschaft. Schriften des Geograph. Inst. der Univ. Kiel, Bd. 13, Heft 3

MEHL, U. (1987): Landesweite Biotopkartierung und Siedlungskartierung in Schleswig-Holstein im Vergleich. Die Heimat 94, Heft 9, S. 244-251

MEHL, U. & J. BELLER (1984): Anleitung zur Biotopkartierung Schleswig-Holstein, Hrsg.: Landesamt für Naturschutz und Landschaftspflege Schleswig-Holstein, Kiel

MEHL, U. & J. BUBLITZ (1986): Elektronische Datenverarbeitung in der Landschaftspflegeverwaltung, Bauernblatt 48, S. 65-67

MEHL, U., J. BELLER, J. BOEDECKER, H. MORDHORST, H. WOLTER, C. MENTZER, F. ZIESEMER (1986a): Auswertung der Biotopkartierung Schleswig-Holstein; Kreis Herzogtum Lauenburg. Hrsg.: Landesamt für Naturschutz und Landschaftspflege Schleswig-Holstein, Kiel

MEHL, U., G. KUTSCHER, J. GEMPERLEIN, K. WEINERT, J. BELLER, U. DIERKING-WESTPHAL (1986b): Auswertung der Biotopkartierung Schleswig-Holstein; Kreis Segeberg, Hrsg.: Landesamt für Naturschutz und Landschaftspflege Schleswig-Holstein, Kiel

MEHL, U. & G. KUTSCHER (1987): Biotopkartierung als Teil der Landschaftsinformation, Bauernblatt 21, S. 68-70

MEYNEN, E. & J. SCHMITHÜSEN (Hrsg.) (1962): Handbuch der naturräumlichen Gliederung Deutschlands. Bad Godesberg (Bundesforschungsanstalt für Landeskunde)

MIERWALD, U. (1987): Liste der Farn- und Blütenpflanzen Schleswig-Holsteins. Kieler Notizen 19, Heft 1, S. 1-41

MINISTER FÜR ERNÄHRUNG, LANDWIRTSCHAFT UND FORSTEN (1987): Jagdbericht Schleswig-Holstein 1986/87, Heft 8, Kiel

MINISTER FÜR ERNÄHRUNG, LANDWIRTSCHAFT UND FORSTEN (1988): Auswahl statistischer Daten für die Kreise Schleswig-Holsteins, Kiel

MUUß, U. & M. PETERSEN (1971): Die Küsten Schleswig-Holsteins, Neumünster

PIEPER, H. & W. WILDEN (1980): Die Verbreitung der Fledermäuse in Schleswig-Holstein und Hamburg 1945-1979. Faun.-Ökol. Mitt., Suppl. 2, S. 1-31

RAABE, E.W. (1969): Salzwiesen in der Treene-Niederung bei Sollbrück. Jahrbuch für die Schleswiger Geest 13, S. 1-10

RAABE, E.W. (1987): Atlas der Flora Schleswig-Holsteins und Hamburgs. Bearb. u. Hrsg.: K. Dierßen und U. Mierwald, Neumünster

RASSOW, H.-J. (1979): 1979 - Jahr der Kleingewässer? Wir brauchen eine einfache Teich-Bewirtschaftungsmethode, Die Heimat 86, Heft 12, S. 325-328

RIEDEL, W. (1983): Landschaftswandel ohne Ende, Hrsg.: Inst. für Reg. Forschung und Information im Dt. Grenzverein e.V., Husum

RIEDEL, W. (Hrsg.) (1987): Umweltatlas für den Landesteil Schleswig, Flensburg

ROTHMALER, W. (Hrsg.) (1976): Exkursionsflora für die Gebiete der DDR und der BRD, Bd. 4: Kritischer Band, 4. Auflage, Berlin

ROTHMALER, W. (Begr.) (1987): Exkursionsflora für die Gebiete der DDR und der BRD, Bd. 3: Atlas der Gefäßpflanzen, 6. Auflage, Berlin, Hrsg.: R. Schubert, E. Jäger & K. Werner

RUNDE, K.G.W. (1980): Statistik der Moore in der Provinz Schleswig-Holstein incl. Lauenburg, Berlin

SCHÄFER, M. & W. TISCHLER (1983): Wörterbücher der Biologie, Ökologie, Stuttgart

STRAUCH, J. (1982): Ödlandkultivierung im Wanderup/Jannebyer Moor. Jahrbuch für die Schleswigsche Geest 30, S. 187-194

TISCHLER, T. (1985): Freiland-Experimentelle Untersuchungen zur Ökologie und Biologie phytophager Käfer (Coleoptera: Chrysomelidae, Curculionidae) im Litoral der Nordseeküste. Faun.-Ökol. Mitt., Suppl. 6, S. 1-180

VOSS, F. & M. MÜLLER-WILLE (1973): Das Höftland von Langballigau an der Flensburger Förde, Offa-Berichte und Mitteilungen aus dem schleswig-holsteinischen Landesmuseum für Vor- und Frühgeschichte in Schleswig, Bd. 30, S. 60-132

ZETT, S. (1987): Quartärgeologische Kartierung des südlichen Teils der Halbinsel Holnis unter Berücksichtigung des Transgressionsverlaufs im Holnis Noor. Diplom-Arbeit an der Universität Kiel, 51 S.

ZIESEMER, F. (1978): Die Eulen (Strigifonus) in Schleswig-Holstein. Ein Beitrag zur Verbreitung und Siedlungsdichte. Wissenschaftliche Hausarbeit, Kiel

8. Anhang

Liste der Tabellen:

Tabelle		Seite
1	Bewertung und Größe der Biotope	18
2	Naturraumanteile im Kreis Schleswig-Flensburg	42
3	Anzahl und Fläche der erfaßten Biotope	43
4	Anteil der nach § 11 LPflegG geschützten Flächen an den erfaßten Biotopen	44
5	Vergleich der nach § 11 LPflegG geschützten Flächen mit allen erfaßten Biotopen	44
6	Verteilung der naturschutzwürdigen Biotope des Kreises auf die Naturräume	52
7	Vergleich der im Rahmen der Biotopkartierung bisher bearbeiteten Kreise	54

Liste der Abbildungen

Abbildung		Seite
1	Stand der landesweiten Biotopkartierung	11
2	Beispiel für die Darstellung von Biotopflächen und Signaturen im Biotopkataster; Maßstab 1:25 000	13
3	Beispiel eines mit Hilfe eines Laser-Druckers ausgegebenen Biotoperfassungsbogens	14
4	EDV-Auswertung: graphischer Arbeitsplatz (SICAD)	16
5	Lage des Kreises Schleswig-Flensburg in den Naturräumen	21
6	Verbreitung charakteristischer Pflanzenarten	30
7	Beispiel charakteristischer gefährdeter Tierarten	36
8	Naturräumliche Gliederung des Kreises Schleswig-Flensburg	42
9	Mittlere Größe der Biotop-Abstandsfläche	46
10	Durchschnittliche Biotopgröße	46
11	Prozentualer Anteil der Biotopfläche	46
12	Anzahl der erfaßten Biotope	46
13	Prozentualer Anteil der Moore, Sümpfe und Brüche an der Gesamtzahl der Biotope	48
14	Prozentualer Flächenanteil der Moore, Sümpfe und Brüche an der Gesamtbiotopfläche	48
15	Prozentualer Anteil der Heiden, Dünen und Trockenrasen an der Gesamtzahl der Biotope	48
16	Prozentualer Flächenanteil der Heiden, Dünen und Trockenrasen an der Gesamtbiotopfläche	48
17	Prozentualer Flächenanteil der NSG-würdigen Biotope, ohne NSG-Bestand!	50

Seite

18	Anzahl der vorgeschlagenen Naturschutzgebiete	50
19	Prozentualer Flächenanteil der bestehenden Naturschutzgebiete	50
20	Anzahl der bestehenden Naturschutzgebiete	50
21	Verbreitung der Waldflächen	56
22	Verteilung erfaßter Waldbiotope	59
23	Beweideter Eichenwald südöstlich Oeversee	61
24	Unbeweidetes Eichenkratt südlich Böxlund (NSG-Vorschlag Nr. 1)	61
25	Knick bei Winderatt	63
26	Vergleich repräsentativer Ausschnitte aus der Knickstruktur der Naturräume Angelns und Schleswiger Vorgeest	65
27	Darstellung der Änderung der Knickdichte seit 1880 auf repräsentativen 1 km²-Rasterflächen	66
28	Vergleich der Gebiete gleicher Knickdichte auf einem Kreisausschnitt von 1880 und heute	66
29	Knickdichten im Kreis Schleswig-Flensburg um 1980	68
30	Verteilung erfaßter Niedermoor-Biotope	70
31	Großsolter Moor	73
32	Verteilung erfaßter Hochmoor-Biotope	74
33	Moore, Sümpfe, Heiden und Trockenrasen um 1880 und 1980	77
34	Verteilung erfaßter Heiden, Dünen und Trockenrasen	78
35	Karte der erosionsgefährdeten Gebiete	81
36	Magerrasen auf dem NSG "Os bei Süderbrarup"	82
37	Entwicklung des Ausbauzustandes der Fließgewässer	84

		Seite
38	Bollingstedter Au bei Görrisau	86
39	Verteilung der erfaßten Fließgewässer-Biotope	86
40	Im Rahmen der Biotopkartierung erfaßter Fließ- und Stillgewässer	89
41	Verteilung der erfaßten Stillgewässer-Biotope	90
42	Südensee bei Sörup	92
43	Karte der im Rahmen der Biotopkartierung erfaßten Kleingewässer (Tümpel, Kuhlen)	93
44	Karte der Biotope der Ostseeküste	95
45	ND Holnis-Kliff	97
46	Ostseeküste nordöstlich Glücksburg (Teil des NSG-Vorschlags Nr. 20)	97
47	Dünen am Treßsee, NSG-Vorschlag Nr. 14 (Erweiterung des bestehenden NSG)	124
48	Treenetal bei Tarp, NSG-Vorschlag Nr. 27	139
49	Bollingstedter Au bei Kockholm, NSG-Vorschlag Nr. 27	139
50	Ihlseestrom, NSG-Vorschlag Nr. 28	149
51	Moore am Nordrand des Idstedtholz, NSG-Vorschlag Nr. 35	149
52	Kratt bei Meynfeld-Ost, ND-Vorschlag Nr. 3	171
53	Bachschlucht bei Sterup-Dingholz, LB-Vorschlag Nr. 16	171
54	Übergangsmoor bei Augaardholz, LB-Vorschlag Nr. 51	177
55	Binnendünen im Idstedtfeld, LB-Vorschlag Nr. 91	177
56	Karte aller im Kreis Schleswig-Flensburg erfaßten Biotope	181
57	Verteilung ausgewählter Biotopflächen	182

		Seite
58	Entwicklungsräume für den Kreis Schleswig-Flensburg auf bio-ökologischer Grundlage	185
59	Karte der bestehenden und vorgeschlagenen Natur- und Landschaftsschutzgebiete	192
60	Karte der vorgeschlagenen Naturdenkmale und geschützten Landschaftsbestandteile	193
	Naturräumliche Einheiten im Kreis Schleswig-Flensburg (loses Transparent)	—

Fotos:

K. Weinert: 4,23,24,25,36,
                  39,42,47,48,52

D. Basedow: 31,39,50,54

V. Hildebrandt: 45,46,53

J. Gemperlein: 51,55

Alphabetisches Verzeichnis der vorgeschlagenen Naturschutzgebiete

Bezeichnung des Gebietes	Nr.	Seite
Bachschlucht Boltoft	18	127
Baggersee und Eichenkratt südlich Böxlund	1	108
Bauernwald Fehrenholz	26	138
Blixmoor	33	147
Bollingstedter Moor	29	143
Broderbyer Noor	37	152
Buchenmischwald bei Bergenhusen	42	158
Bruchwald bei Regelsrott	23	135
Busdorfer Tal	40	155
Fördeküste Wille-Westerwerk	3	111
Friedeholz/Pugumer See (Erweiterung)	5	113
Geltinger Birk (Erweiterung)	22	133
Großer Bauernwald bei Atzbüll	19	130
Grünlandniederung "Idstedtwege"	46	164
Gunnebyer Noor	36	151
Haddebyer/Selker Noor	41	156
Halbinsel Holnis	2	109
Höftland Bockholmwik	8	116
Ihlseestrom	28	142
Kalkquellmoor bei Klein Rheide	39	154
Kesselmoor Lerchenfeld	47	165
Langballigau	9	118
Laubmischwald an der Steenwallholter Bek	38	153
Laubmischwald im Süderhackstedtfeld	32	146
Laubmischwald "Rumbrandt"	34	148
Moor am Nordrand des Idstedtholz	35	150
Munkbrarupau	7	115
Niederungsbereich "Alte Sorge"	43	159
Os bei Süderbrarup (Erweiterung)	30	144
Pobüller Bauernholz (Erweiterung)	24	136
Quellbruch Steinbergholz	17	128
Schafflunder Moor	11	120
Schwennautal	4	112

Bezeichnung des Gebietes	Nr.	Seite
Steilküste Bockholm/Bockholmwik	6	114
Steilküste Osterholz	10	119
Steinberger Au	16	126
Süderstapeler Westerkoog	45	162
Talniederung Schausende	20	131
Tetenhusener Moor (Erweiterung)	44	161
Treenetal-Bollingstedter Au	27	140
Treßsee und Umgebung (einschließlich Erweiterung NSG "Düne am Treßsee")	14	123
Wallsbüller Kratt	12	121
Wallsbüller Strom	13	122
Wald bei Stausmark	21	132
Waldgebiet "Mörderkoppel" mit Bachschluchten	25	137
Wildes Moor bei Schwabstedt	31	145
Winderatter See	15	125

Verbreitungskarten und Liste der in erfaßten Biotopen kartierten gefährdeten, stark gefährdeten oder vom Aussterben bedrohten Moose, Farn- und Blütenpflanzen
(Grundlage der Daten: Biotopkartierung 1986/87)

Erläuterung

In Schleswig-Holstein gefährdete, stark gefährdete oder vom Aussterben bedrohte Pflanzenarten (Rote Liste der Farn- und Blütenpflanzen in Schleswig-Holstein, bzw. Rote Liste der Moose Schleswig-Holsteins, 1982) beanspruchen eine besondere Aufmerksamkeit bei der Erfassung von Arten im Rahmen der Biotopkartierung. Je nach der auch jahreszeitlich wechselnden Auffälligkeit der Pflanzen und der Größe der zu bearbeitenden Biotope bleibt die Erfassung jedoch unvollständig. Auch sind manche Arten häufiger als angegeben, weil ihre Standorte eher außerhalb praktikabel kartierbarer "Biotope" liegen, z.B. Sumpf-Storchschnabel (Geranium palustre) im Röhrichtsaum der Schlei, Königsfarn (Osmunda regalis) in Knicks und Hecken oder Pechnelke (Lychnis viscaria) an trockenen Wegrändern. Hierzu wird auf den "Atlas der Flora Schleswig-Holsteins und Hamburgs" (Raabe 1987) hingewiesen, in dem in einem feineren Raster als hier die Verbreitung aller Gefäßpflanzen Schleswig-Holsteins dargestellt ist.
Dennoch kann die folgende Artenliste zusammen mit den Verbreitungskarten eine wertvolle Hilfe beim Arten- und Lebensraumschutz sein. In der Artenliste ist außer dem Status (lt. Rote Liste) auch angegeben, in wie vielen Biotopen die Art gefunden wurde. Diese Zahl wurde in den Verbreitungskarten - bezogen auf einzelne topographische Karten - in folgenden Größenordnungen dargestellt:

●   1

●   2 - 5

●   6 - 10

●   mehr als 10 Biotope/TK 25

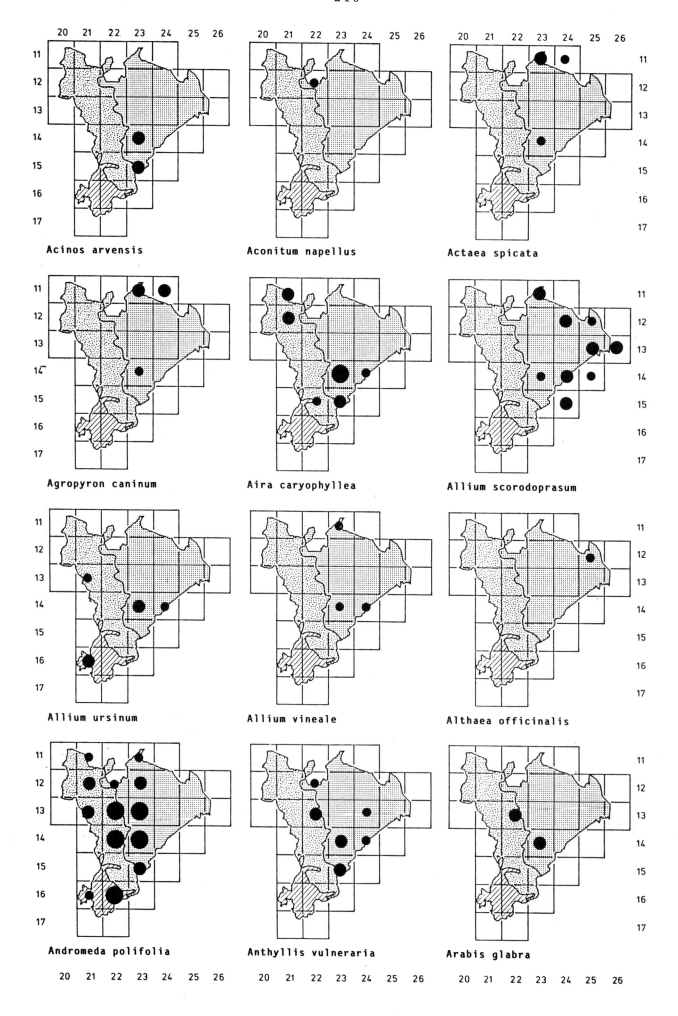

- 211 -

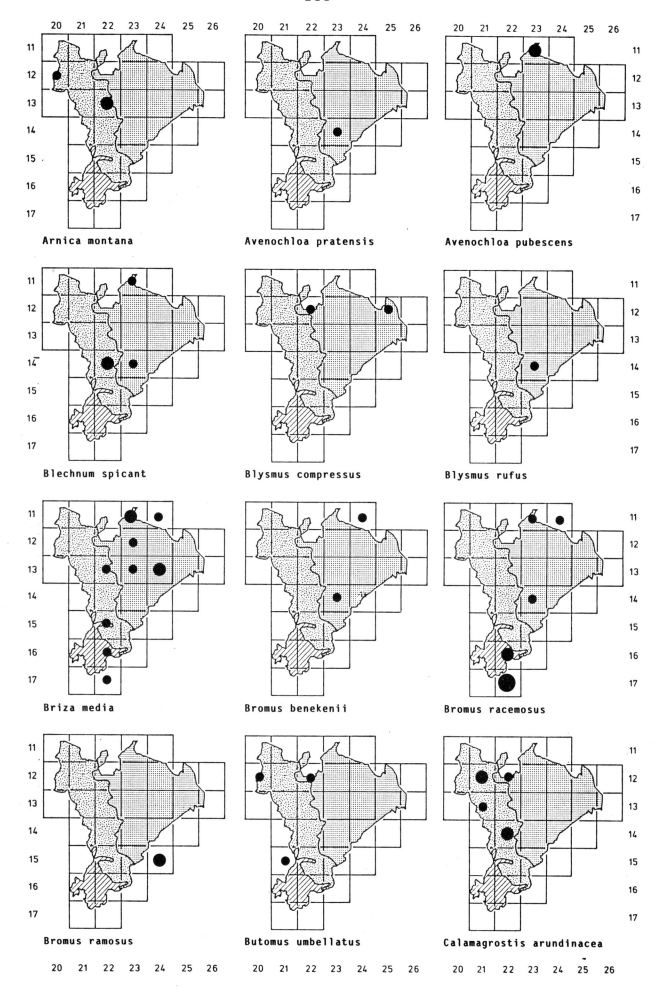

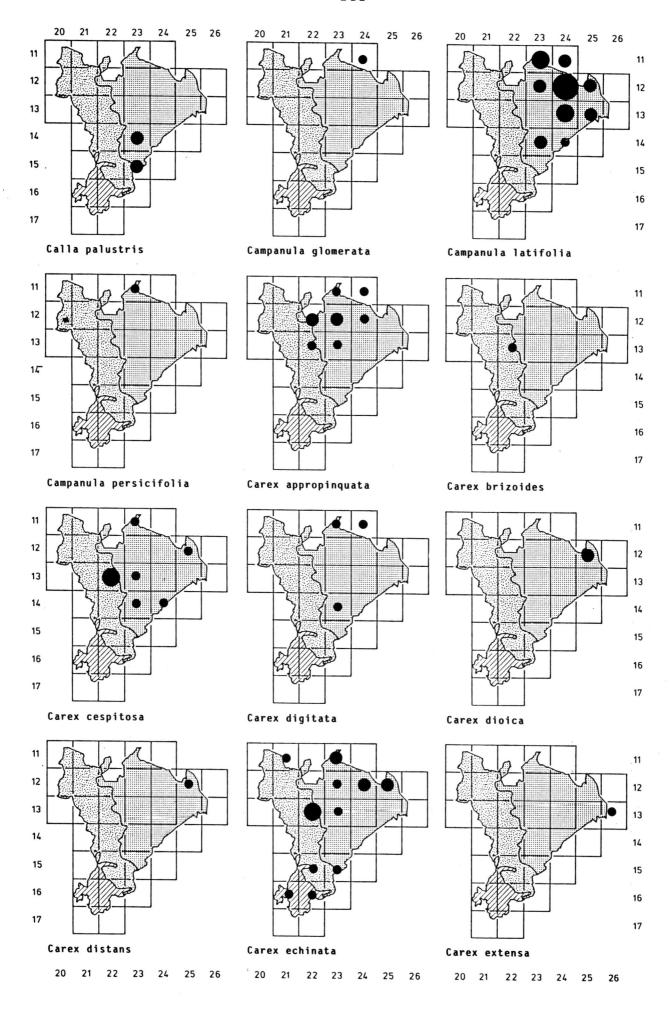

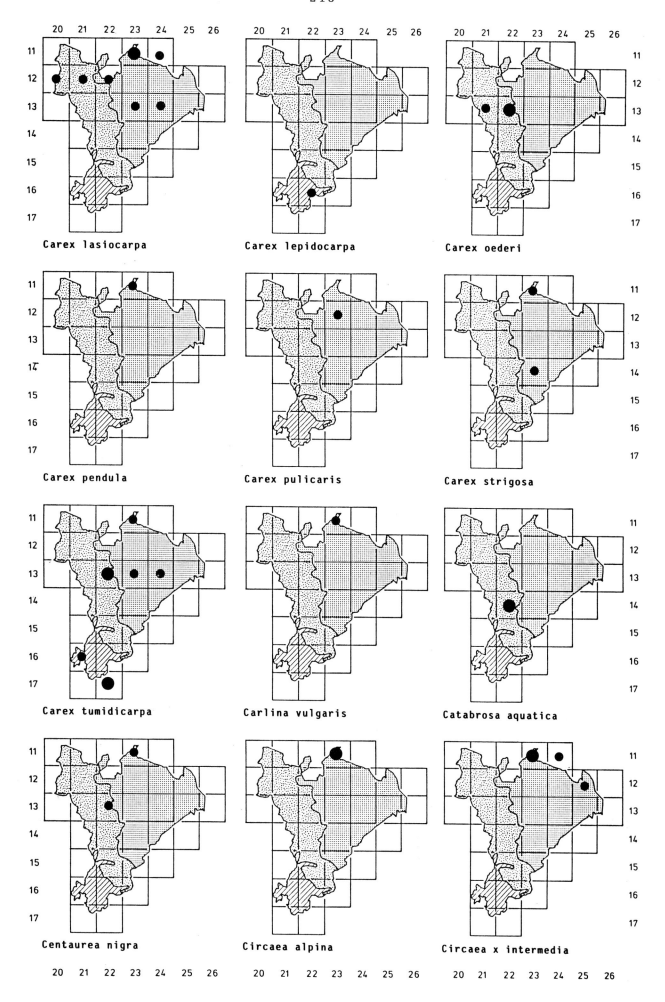

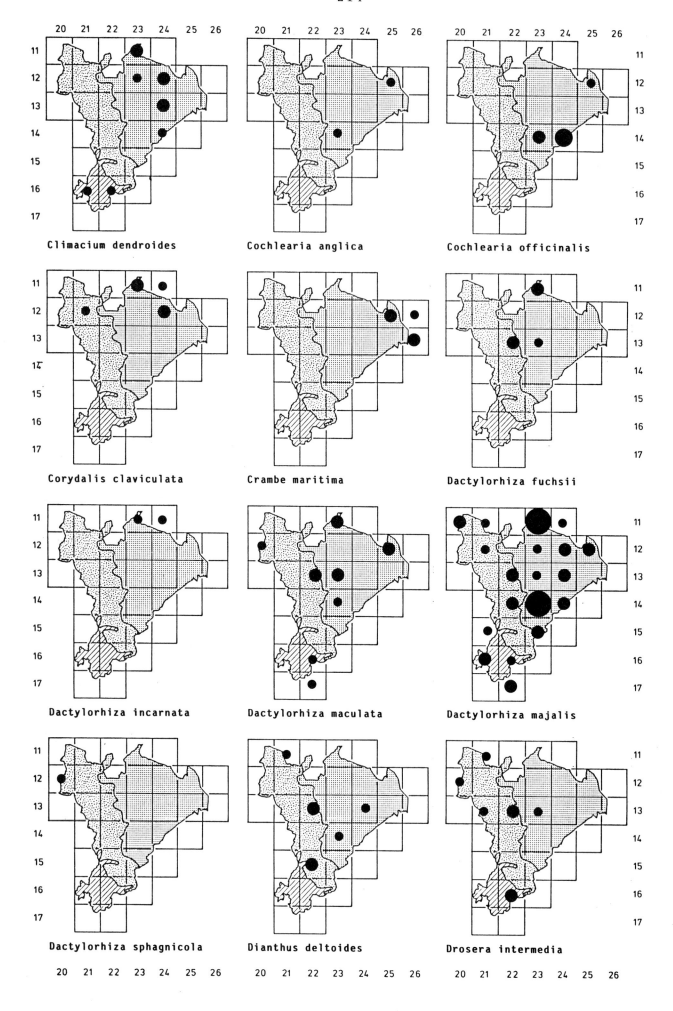

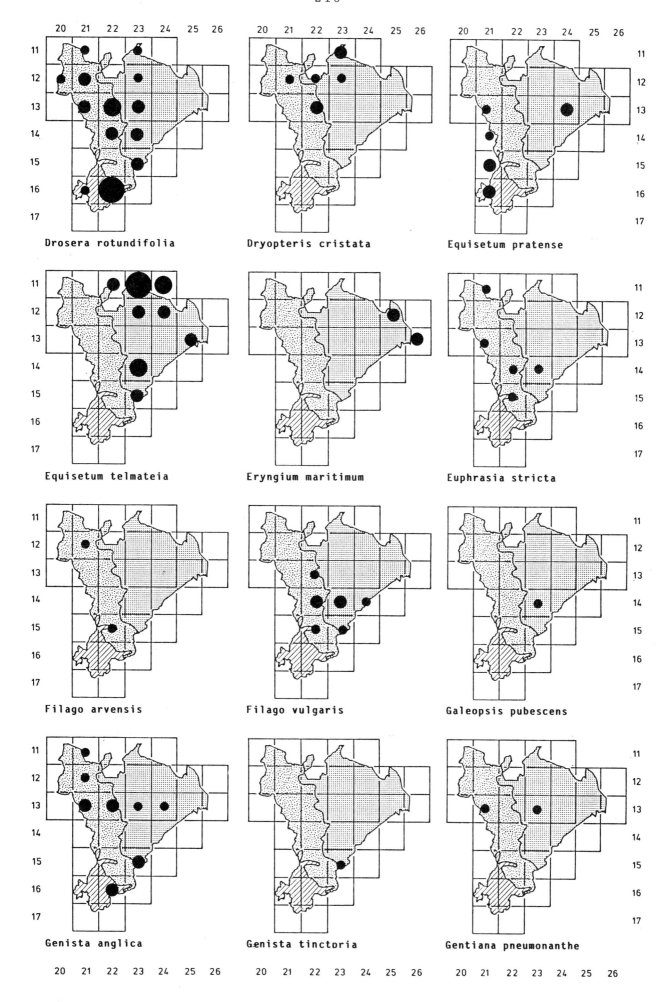

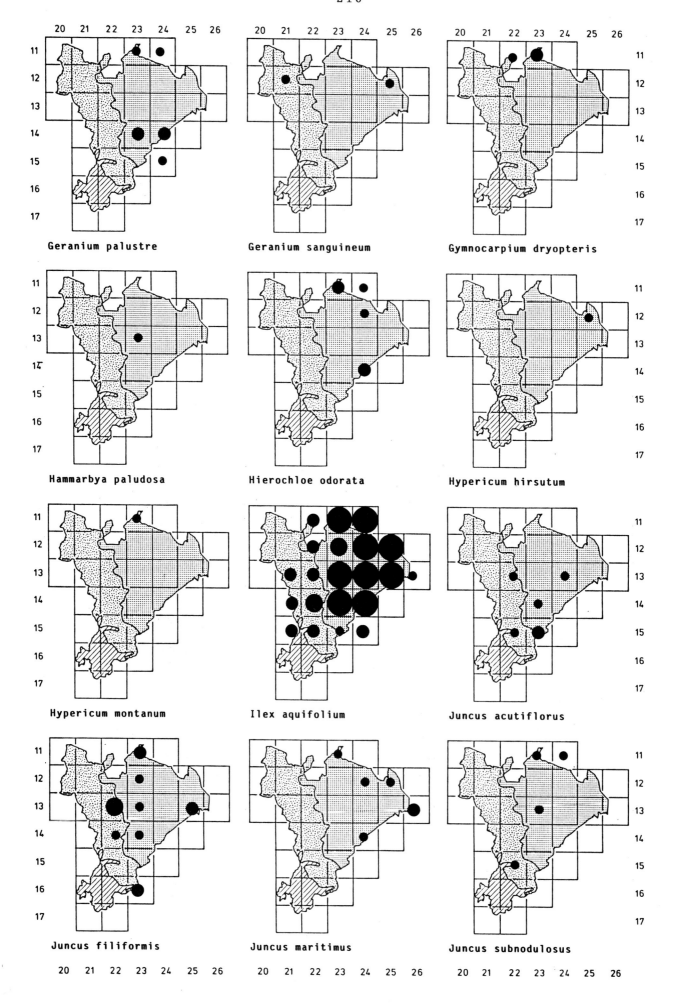

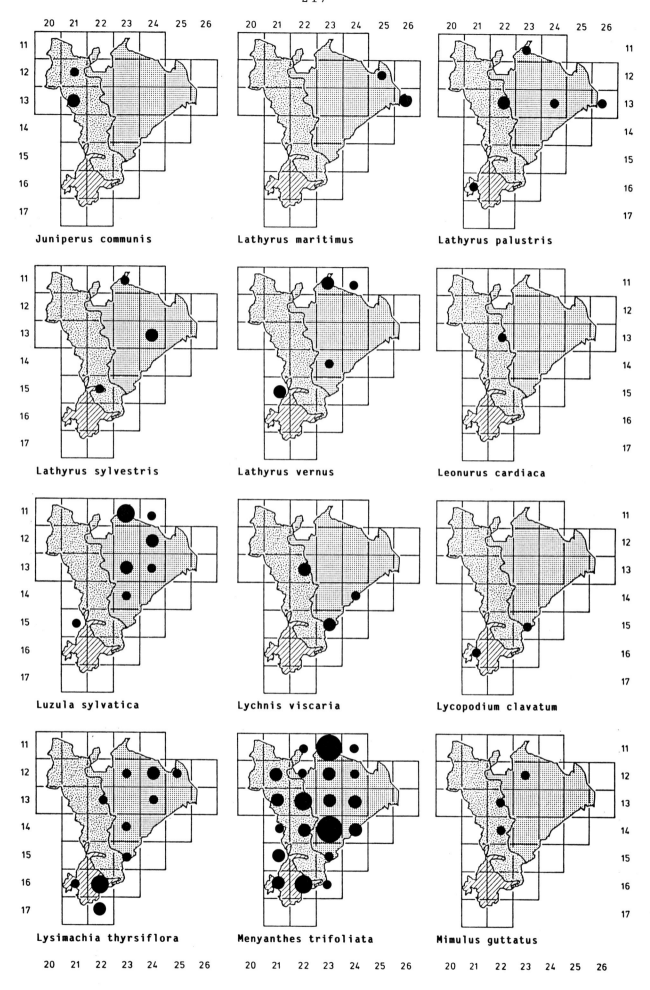

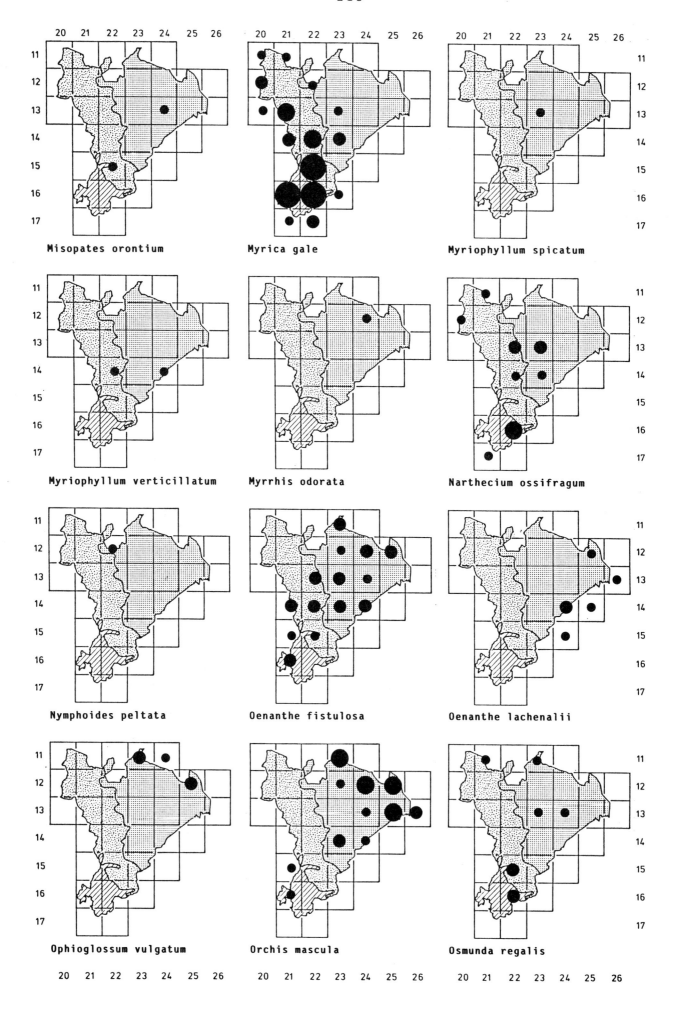

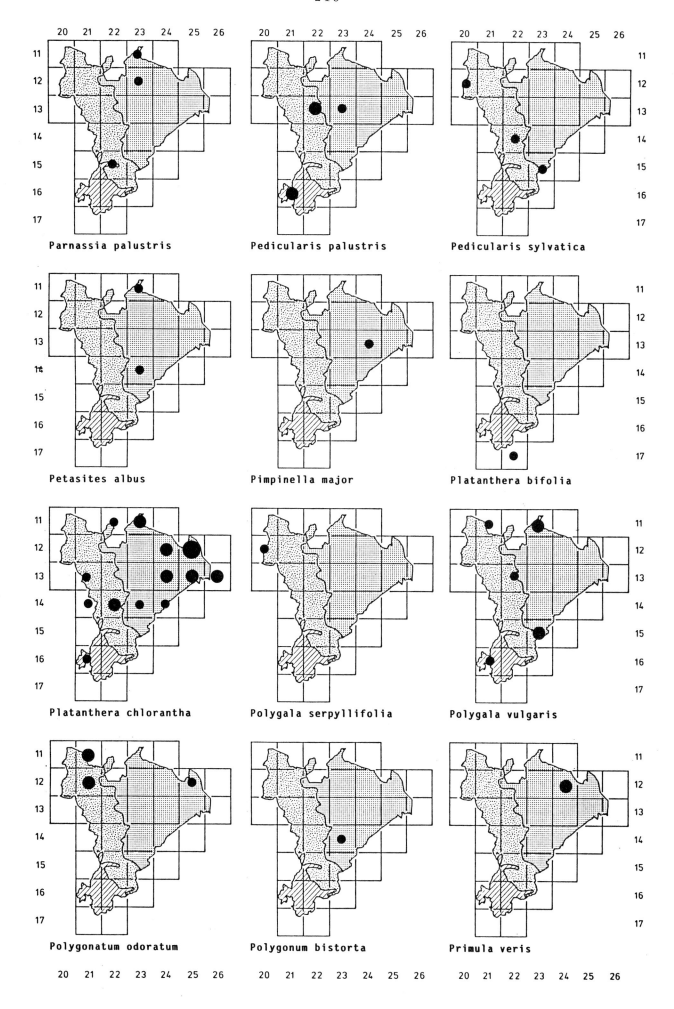

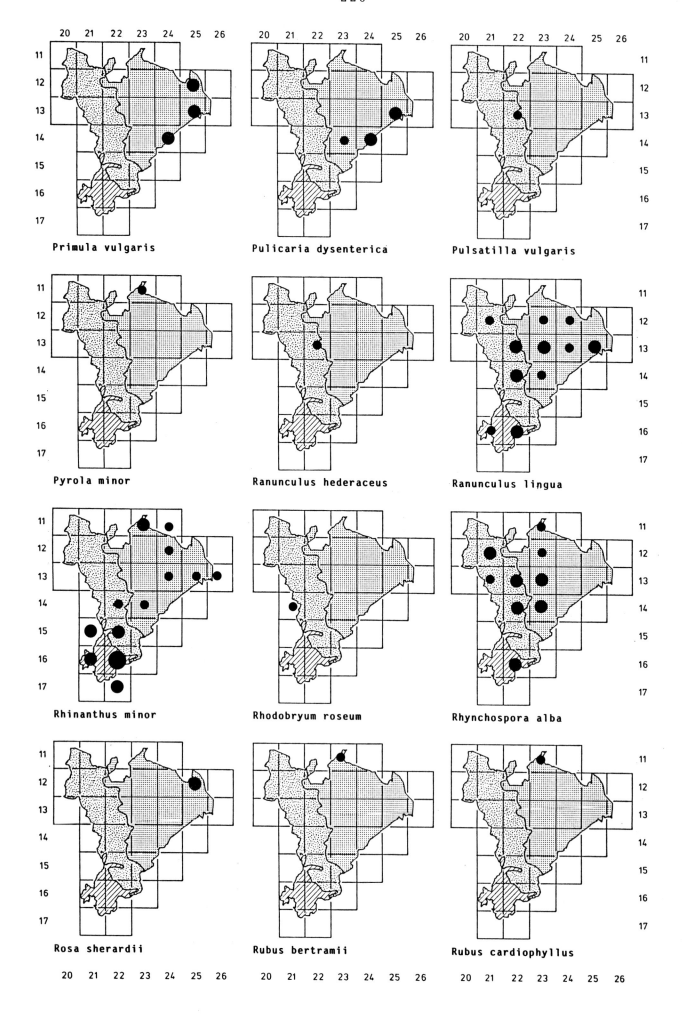

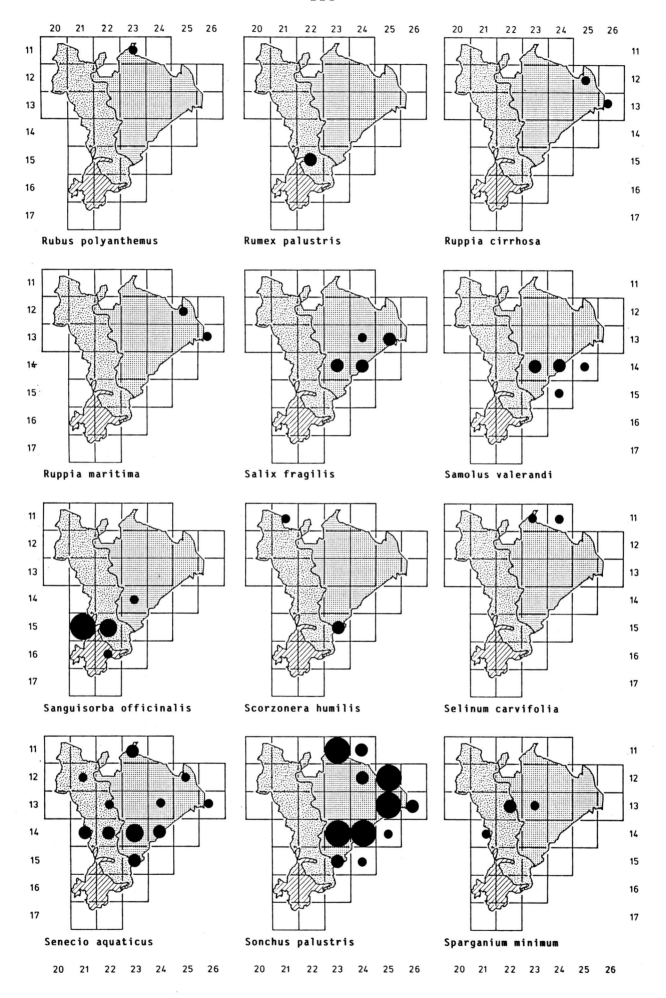

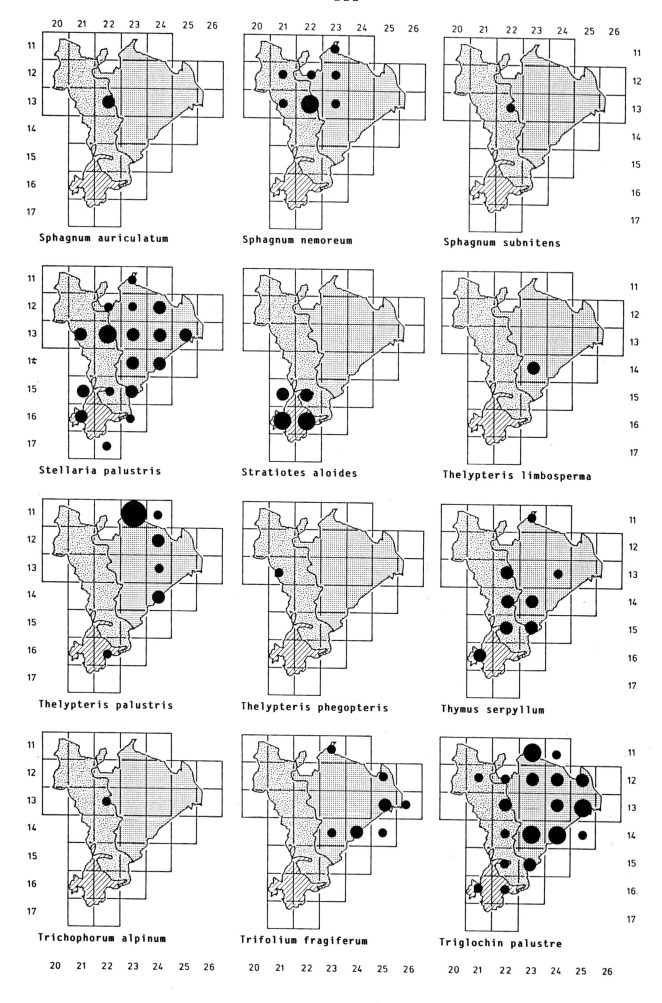

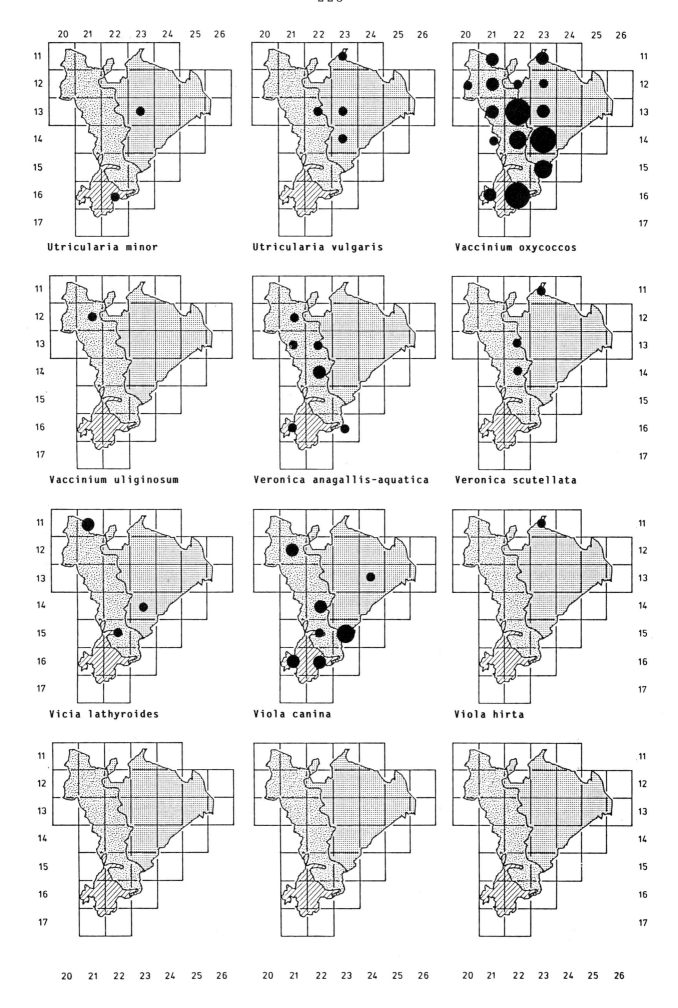

Liste der im Kreis Schleswig-Flensburg erfaßten, in Schleswig-Holstein
gefährdeten Moose und Gefäßpflanzen

1   Rote-Liste-Status Schleswig-Holstein (Stand 1982)
2   Anzahl der Biotope, in denen die Art beobachtet wurde

==

Wissenschaftlicher Name	1	2	Deutscher Name
Acinos arvensis	3	5	Gemeiner Steinquendel
Aconitum napellus	2	1	Blauer Eisenhut
Actaea spicata	3	4	Christophskraut
Agropyron caninum	3	2	Hunds-Quecke
Aira caryophyllea	3	20	Nelken-Haferschmiele
Allium scorodoprasum	3	22	Schlangen-Lauch
Allium ursinum	2	8	Bären-Lauch
Allium vineale	3	3	Weinberg-Lauch
Althaea officinalis	1	1	Echter Eibisch
Andromeda polifolia	3	61	Rosmarinheide
Anthyllis vulneraria	3	12	Gemeiner Wundklee
Arabis glabra	3	4	Kahle Gänsekresse
Arnica montana	2	5	Arnika
Avenochloa pratensis	3	1	Echter Wiesenhafer
Avenochloa pubescens	3	3	Flaumiger Wiesenhafer
Blechnum spicant	3	4	Rippenfarn
Blysmus compressus	3	2	Platthalm-Quellried
Blysmus rufus	2	1	Rotbraunes Quellried
Briza media	2	11	Gemeines Zittergras
Bromus benekenii	3	1	Benekens Wald-Trespe
Bromus racemosus	3	9	Trauben-Trespe
Bromus ramosus	3	2	Wald-Trespe
Butomus umbellatus	3	3	Schwanenblume
Calamagrostis arundinacea	3	9	Wald-Reitgras
Calla palustris	3	2	Sumpf-Calla
Campanula glomerata	1	1	Knäuel-Glockenblume
Campanula latifolia	3	51	Breitblättrige Glockenblume
Campanula persicifolia	2	1	Pfirsichblättrige Glockenblume
Carex appropinquata	3	12	Schwarzschopf-Segge
Carex brizoides	1	1	Zittergras-Segge
Carex cespitosa	2	11	Rasen-Segge
Carex digitata	2	3	Finger-Segge
Carex dioica	1	2	Zweihäusige Segge
Carex distans	3	1	Entferntährige Segge
Carex echinata	3	23	Stern-Segge
Carex extensa	3	1	Strand-Segge
Carex lasiocarpa	3	13	Faden-Segge
Carex lepidocarpa	1	1	Schuppenfrüchtige Gelb-Segge
Carex oederi	3	3	Oeders Gelb-Segge
Carex pendula	1	1	Hänge Segge
Carex pulicaris	1	1	Floh-Segge
Carex strigosa	3	2	Dünnährige Segge

Wissenschaftlicher Name	1	2	Deutscher Name
Carex tumidicarpa	3	8	Aufsteigende Gelb-Segge
Carlina vulgaris	3	2	Kleine Eberwurz
Catabrosa aquatica	2	2	Quellgras
Centaurea nigra	1	2	Schwarze Flockenblume
Circaea alpina	2	4	Alpen-Hexenkraut
Circaea x intermedia	3	5	Mittleres Hexenkraut
Climacium dendroides	3	12	Bäumchen-Leitermoos
Cochlearia anglica	2	1	Englisches Löffelkraut
Cochlearia officinalis	2	13	Gebräuchliches Löffelkraut
Corydalis claviculata	2	7	Ranken-Lerchensporn
Crambe maritima	3	8	Meerkohl
Dactylorhiza fuchsii	3	5	Fuchs' Knabenkraut
Dactylorhiza incarnata	2	2	Steifblättriges Knabenkraut
Dactylorhiza maculata	3	20	Geflecktes Knabenkraut
Dactylorhiza majalis	3	55	Breitblättriges Knabenkraut
Dactylorhiza sphagnicola	1	1	Torfmoos-Knabenkraut
Dianthus deltoides	3	9	Heide-Nelke
Drosera intermedia	3	9	Mittlerer Sonnentau
Drosera rotundifolia	3	45	Rundblättriger Sonnentau
Dryopteris cristata	3	9	Kammfarn
Equisetum pratense	3	10	Wiesen-Schachtelhalm
Equisetum telmateia	3	49	Riesen-Schachtelhalm
Eryngium maritimum	2	6	Stranddistel
Euphrasia stricta	3	5	Steifer Augentrost
Filago arvensis	3	2	Acker-Filzkraut
Filago vulgaris	2	8	Deutsches Filzkraut
Galeopsis pubescens	2	1	Weichhaariger Hohlzahn
Genista anglica	3	17	Englischer Ginster
Genista tinctoria	2	1	Färber-Ginster
Gentiana pneumonanthe	2	2	Lungen-Enzian
Geranium palustre	3	12	Sumpf-Storchschnabel
Geranium sanguineum	1	3	Blut-Storchschnabel
Gymnocarpium dryopteris	3	5	Eichenfarn
Hammarbya paludosa	1	1	Sumpf-Weichwurz
Hierochloe odorata	3	8	Duftendes Mariengras
Hypericum hirsutum	2	1	Behaartes Johanniskraut
Hypericum montanum	2	1	Berg-Johanniskraut
Ilex aquifolium	3	232	Stechpalme
Juncus acutiflorus	3	7	Spitzblütige Binse
Juncus filiformis	3	17	Faden-Binse
Juncus maritimus	3	5	Strand-Binse
Juncus subnodulosus	3	7	Stumpfblütige Binse
Juniperus communis	3	3	Gemeiner Wacholder
Lathyrus maritimus	3	3	Strand-Platterbse
Lathyrus palustris	2	7	Sumpf-Platterbse
Lathyrus sylvestris	3	4	Wald-Platterbse
Lathyrus vernus	2	5	Frühlings-Platterbse
Leonurus cardiaca	2	1	Herzgespann

Wissenschaftlicher Name	1	2	Deutscher Name
Luzula sylvatica	2	12	Wald-Hainsimse
Lychnis viscaria	3	7	Pechnelke
Lycopodium clavatum	3	2	Keulen-Bärlapp
Lysimachia thyrsiflora	3	18	Strauß-Gilbweiderich
Menyanthes trifoliata	3	75	Fieberklee
Mimulus guttatus	2	1	Gelbe Gauklerblume
Misopates orontium	3	2	Acker-Löwenmaul
Myrica gale	3	95	Gagel
Myriophyllum spicatum	3	1	Ähren-Tausendblatt
Myriophyllum verticillatum	3	2	Quirl-Tausendblatt
Myrrhis odorata	1	1	Süßdolde
Narthecium ossifragum	3	18	Beinbrech
Nymphoides peltata	1	1	Seekanne
Oenanthe fistulosa	3	33	Röhriger Wasserfenchel
Oenanthe lachenalii	2	6	Wiesen-Pferdesaat
Ophioglossum vulgatum	3	12	Gemeine Natternzunge
Orchis mascula	3	44	Stattliches Knabenkraut
Osmunda regalis	3	8	Königsfarn
Parnassia palustris	2	3	Sumpf-Herzblatt
Pedicularis palustris	2	9	Sumpf-Läusekraut
Pedicularis sylvatica	2	3	Wald-Läusekraut
Petasites albus	2	1	Weiße Pestwurz
Pimpinella major	3	1	Große Pimpinelle
Platanthera bifolia	1	1	Weiße Waldhyazinthe
Platanthera chlorantha	3	31	Grünliche Waldhyazinthe
Polygala serpyllifolia	1	1	Quendel-Kreuzblümchen
Polygala vulgaris	3	7	Gemeines Kreuzblümchen
Polygonatum odoratum	2	5	Duftende Weißwurz
Polygonum bistorta	3	1	Wiesen-Knöterich
Primula veris	3	2	Wiesen-Schlüsselblume
Primula vulgaris	2	9	Stengellose Schlüsselblume
Pulicaria dysenterica	3	6	Großes Flohkraut
Pulsatilla vulgaris	1	1	Gemeine Küchenschelle
Pyrola minor	3	1	Kleines Wintergrün
Ranunculus hederaceus	2	1	Efeu-Wasserhahnenfuß
Ranunculus lingua	3	21	Zungen-Hahnenfuß
Rhinanthus minor	3	34	Kleiner Klappertopf
Rhodobryum roseum	2	1	Rosettiges Rosenmoos
Rhynchospora alba	3	20	Weißes Schnabelried
Rosa sherardii	1	2	Sherards Rose
Rubus bertramii	4	1	Bertrams Brombeere
Rubus cardiophyllus	3	1	Herzblättrige Brombeere
Rubus polyanthemus	4	1	Vielblütige Brombeere
Rubus saxatilis	3	2	Steinbeere
Rumex palustris	3	2	Sumpf-Ampfer
Ruppia cirrhosa	2	1	Strand-Salde
Ruppia maritima	3	3	Meeres-Salde
Salix fragilis	3	7	Bruch-Weide
Samolus valerandi	2	9	Salzbunge
Sanguisorba officinalis	3	22	Großer Wiesenknopf

Wissenschaftlicher Name	1	2	Deutscher Name
Scorzonera humilis	2	3	Niedrige Schwarzwurzel
Selinum carvifolia	2	5	Kümmel-Silge
Senecio aquaticus	3	25	Wasser-Greiskraut
Sonchus palustris	3	96	Sumpf-Gänsedistel
Sparganium minimum	2	5	Zwerg-Igelkolben
Sphagnum auriculatum	3	3	Ohren-Torfmoos
Sphagnum nemoreum	3	13	Hain-Torfmoos
Sphagnum subnitens	3	1	Schimmerndes Torfmoos
Stellaria palustris	3	43	Graugrüne Sternmiere
Stratiotes aloides	3	15	Krebsschere
Thelypteris limbosperma	2	1	Berg-Lappenfarn
Thelypteris palustris	3	25	Sumpffarn
Thelypteris phegopteris	3	1	Buchenfarn
Thymus serpyllum	3	24	Sand-Thymian
Trichophorum alpinum	1	1	Alpen-Wollgras
Trifolium fragiferum	3	10	Erdbeer-Klee
Triglochin palustre	3	60	Sumpf-Dreizack
Utricularia minor	3	2	Kleiner Wasserschlauch
Utricularia vulgaris	3	4	Gemeiner Wasserschlauch
Vaccinium oxycoccos	3	83	Gemeine Moosbeere
Vaccinium uliginosum	3	1	Rauschbeere
Veronica anagallis-aquatica	3	7	Blauer Wasser-Ehrenpreis
Veronica scutellata	3	3	Schild-Ehrenpreis
Vicia lathyroides	3	4	Platterbsen-Wicke
Viola canina	3	19	Hunds-Veilchen
Viola hirta	2	1	Rauhhaar-Veilchen